餐桌上的野菜

64种常见野菜的食用方法

林 霖 编纂

学苑出版社

图书在版编目(CIP)数据

餐桌上的野菜:64种常见野菜的食用方法/林霖编纂.
2版.-北京:学苑出版社,2012.4(2012.8重印)
ISBN 978-7-5077-3984-8

Ⅰ.①餐… Ⅱ.①林… Ⅲ.野生植物-蔬菜-菜谱
Ⅳ.①TS972.123

中国版本图书馆 CIP 数据核字(2012)第 057032 号

责任编辑:陈 辉
出版发行:学苑出版社
社 址:北京市丰台区南方庄 2 号院 1 号楼
邮政编码:100079
网 址:www.book001.com
电子信箱:xueyuan@public.bta.net.cn
销售电话:010-67675512、67678944、67601101 (邮购)
经 销:新华书店
印 刷 厂:北京市广内印刷厂
开本尺寸:890×1240 1/32
印 张:3.5 彩插:32 页
字 数:50 千字
印 数:2001—5000 册
版 次:2012 年 4 月第 2 版
印 次:2012 年 8 月第 2 次印刷
定 价:15.00 元

前　言

　　野菜是劳动人民在生产生活实践中发现的用来治病养身、调剂饮食的野生植物。许多野菜的根、茎、叶、苗的鲜品或干品本身就是一味或几味中草药，而野菜所含的营养素一般都比栽培蔬菜含量高。如果利用它作为维生素和常量或微量元素的补给源，调配饮食，可增加营养、有益健康；利用它的药用部位，可治疗疾病。如能有选择地培育种植，还有利于保持水土、绿化环境。

　　本书所介绍的 64 种常见野菜，营养丰富、食法简便、味道好。只要注意野菜食用部位的取舍和食用方法便可。每一野菜名后列有拉丁学名，以确保该植物的准确性。如果想更详细地了解相关的药用功能、主治、处方应用及植物栽培等知识，可根据书中野菜名称右上角标的序列数字查阅《中药大辞典》（上海科学技术出版社）相应词条。

　　本书在编写过程中参考并引用了一些资料，在此向有关作者表示感谢。河北中医学院的杨鹏举先生对本书进行了认真的审订工作，再此一并感谢。由于我们编写水平与能力有限，书中难免有不妥之处，敬请读者批评指正。

编　者

参考书目

[1] 邱德文，吴家荣，夏同珩.本草纲目彩色图谱.贵州科技出版社，1998
[2] 陈贵廷.本草纲目通释.学苑出版社，1993
[3] 陶桂全等.中国野菜图谱.解放军出版社，1989
[4] 江苏新医学院编.中药大辞典.上海科学技术出版社，1986
[5] 河北省卫生局.河北中草药.河北人民出版社，1977
[6] 贾玉海.常用中药八百味精要.学苑出版社，1992

目　录

野菜的营养价值

　　根据营养素分析结果及许多研究资料，都说明大部分野菜营养价值很高，其中许多种还有医疗价值。野菜的主要构成成分是水、纤维素、蛋白质、脂肪、糖、无机盐和维生素，是人体膳食的必需营养素。我们采食野菜，主要为得到维生素和矿物元素的补充。

　　野菜中含有丰富的胡萝卜素、维生素 B_1、维生素 B_2、维生素 C 及其他维生素，其含量一般均高于或远超过栽培蔬菜。由下表可知栽培蔬菜维生素含量一般较为低少，而野生种含量一般均高于栽培种，个别种的维生素（C 胡萝卜素、维生素 B_2、维生素 C）含量特高，是栽培蔬菜不能与之相比的。

表1　几种栽培蔬菜维生素含量（毫克/100克鲜样）

品　　　种	胡萝卜素	维生素 B_2	维生素 C
大 白 菜	0.10～0.16	0.06～0.08	31～45
小 白 菜	0.90～2.94	0.06～0.09	18～58
卷 心 菜	微～0.05	0.05	36～60
菠　　菜	2.92～3.87	0.12～0.20	20～39

表中数据引自食物成分表（中国医学科学院卫生研究所编，1976.12）

　　另外野菜中还含有各种矿物盐类，其中特别有益的常量元素有钙、磷、镁、钾、钠以及铁、锌、铜、锰等微量元素，这些元素在野菜中的分布比例基本一致，都以

表2　62种野菜营养素含量

科	野菜名称	维生素（毫克/100克鲜样）			常量元素（毫克/克干样）					微量元素（微克/克干样）				样品来源
		胡萝卜素	B₂	C	K	Ca	Mg	P	Na	Fe	Mn	Zn	Cu	
凤尾蕨科	蕨菜	1.04	0.13	27	31.80	1.90	3.39	5.16	0.54	171	35	61	25	辽
球子蕨科	荚果蕨	5.71	0.47	118	24.10	11.40	3.21	1.15	0.29	140	30	17	5	冀
苹科	苹	5.08	0.31	118	39.10	4.20	2.33	3.24	0.88	338	107	21	11	赣
蓼科	扁蓄	9.34	0.50	157	20.10	10.30	9.00	3.18	0.94	144	28	57	10	津
	水蓼	7.89	0.38	235	21.60	10.00	8.87	2.20	0.77	384	39	63	12	津
	酸模叶蓼	8.43	0.83	33	28.40	14.90	6.80	4.73	0.27	257	67	34	12	滇
	酸模	4.46	0.13	52	38.70	7.50	3.71		0.25	243	129	32	5	赣
	华北大黄	4.05	1.17	150										冀
藜科	藜	6.33	0.34	167	32.10	9.20	6.10	3.07	21.57	384	51	53	17	津
	地肤	4.36	0.13	62	58.90	16.50	4.86	5.89	0.83	222	37	36	8	赣
苋科	青葙	8.02	0.64	65	38.80	29.90	6.82	2.73	1.12	367	166	50	10	浙
	绿苋	3.29	0.11	105	40.90	25.10	13.16	20.50	0.70	433	210	60	11	滇
	牛膝	6.79	0.48	111	53.40	20.10	7.72	1.02	0.36	125	171	42	13	浙
商陆科	商陆	3.53	0.14	97										赣
马齿苋科	马齿苋	3.94	0.16	65	44.80	10.70	14.57	4.43	21.77	584	40	72	21	津
落葵科	落葵	2.88	0.31	85	76.30	13.40	10.25	5.13	2.61	180	35	53	9	滇
石竹科	牛繁缕	3.09	0.36	98	61.40	9.90	5.96	7.07	0.37	417	130	50	8	桂
	兴安升麻	3.42	1.06	108										冀
十字花科	诸葛菜	3.32	0.16	59	28.80	61.10	6.78	5.85	0.86	429	56	57	14	京

每百克新鲜野菜中维生素含量在下列范围内时为含量较高的野菜：胡萝卜素大于5毫克；维生素B₂大于0.5毫克；维生素C大于50毫克。

科种	野菜名称	维生素 (毫克/100克鲜样)			常量元素 (毫克/克干样)					微量元素 (微克/克干样)				样品来源
		胡萝卜素	B₂	C	K	Ca	Mg	P	Na	Fe	Mn	Zn	Cu	
十字花科	荠菜	3.63	0.14	80	29.50	24.70	12.25	2.96	0.77	288	56	52	7	辽
	豆瓣菜	4.67	0.17	80	23.80	54.50	2.93	5.60	0.49	146	57	54	14	京
蔷薇科	龙牙草	7.06	0.63	157	20.50	12.80	4.15	3.30	0.73	170	28	30	11	冀
	地榆	8.30	0.72	229	18.60	14.60	4.52	2.16	0.77	166	46	25	9	冀
	鹅绒委陵菜	4.88	0.74	340	25.80	12.10	4.01	5.46	0.37	170	42	64	11	冀
	朗天委陵菜	6.23	1.43	314	20.10	14.80	2.66	2.19	1.05	245	47	22	9	冀
豆科	鸡眼草	8.23	0.47	150	6.40	12.40	2.14	5.80	0.94	109	327	25	9	苏
	长萼鸡眼草	6.23	1.41	340	10.60	10.20	3.06	1.72	0.47	382	30	20	9	冀
	歪头菜	11.10	0.94	144	15.90	11.30	3.14	1.53	0.63	163	67	15	9	冀
	芷芒香豌豆	6.02	0.94	281	8.70	14.10	2.77	1.91	0.65	140	36	18	10	冀
	决明	6.58	0.14	105	19.70	21.60	3.50	0.61	0.47	154	35	28	10	冀
锦葵科	北锦葵	6.64	0.34	183										赣
堇菜科	堇菜	5.29	0.32	281		26.00	3.50	5.17	0.31	279	85	29	5	辽
	鸡腿堇菜	6.23	0.68	80	30.00	11.70	5.04	1.63	0.39	279	83	62	10	冀
五加科	刺五加	5.40	0.52	121										冀
伞形科	变豆菜	5.14	0.46	33	33.20	30.90	4.94	2.05	0.22	101	277	29	14	浙
报春花科	海乳草	2.70	0.37	131										冀
龙胆科	荇菜	3.70	0.16	59	22.20	12.90	1.86	12.91	4.44	794	124	16	5	浙
旋花科	打碗花	8.30	0.07	78	26.60	5.90	3.24	1.76	0.14	119	26	27	12	赣
唇形科	薄荷	1.44	0.09	46	31.20	10.50	4.74	2.83	0.45	450	57	48	16	滇
	活血丹	4.15	0.13	56	26.60	20.40	5.81	5.64	0.25	156	52	38	12	赣
茄科	枸杞	5.91	0.21	69	41.20	19.20	5.63	3.25	0.25	252	94	21	21	赣
玄参科	返顾马先蒿	4.77	0.47	72	25.10	14.20	3.97	1.96	0.40	135	150	31	8	冀

科	野菜名称	维生素（毫克/100克鲜样）			常量元素（毫克/克干样）					微量元素（微克/克干样）				样品来源
		胡萝卜素	B₂	C	K	Ca	Mg	P	Na	Fe	Mn	Zn	Cu	
败酱科	黄花龙牙	0.83	0.78	98										冀
	白花败酱	4.94	0.61	98		12.00	3.92			65	86	23	13	浙
桔梗科	羊乳	14.40	0.49	59	23.70	32.40	3.52	1.37	0.72	91	154	30	9	浙
	桔梗	8.40	0.62	216	11.00	27.70	5.59	2.25	0.13	135	73	35	7	冀
	茅莨	14.11	0.78	118	35.60	20.50	17.68	3.51	1.71	253	68	40	17	冀
菊科	小白酒草	5.76	1.38	39	41.00	9.20	2.73	4.06	0.52	190	51	38	13	苏
	鼠曲草	3.94	0.06	46	28.90	14.10	3.78	2.44	0.24	312	71	46	16	赣
	牡蒿	5.14	1.07	52	38.40	9.90	2.53	2.14	0.78	58	63	33	15	冀
	萎蒿	4.88	0.52	49	19.60	9.50	2.60	4.15	0.38	139	119	26	17	赣
	刺儿菜	1.87	0.30	39	25.20	35.60	2.87	2.99	0.14	295	27	28	16	赣
	蒲公英	4.15	0.63	52	41.00	12.10	4.26	3.97	0.29	223	39	44	14	冀
	苣荬菜	3.22	0.53	88	37.60	17.20	4.60	2.60	0.81	12.4	63	34	60	津
	山苦苣	4.88	0.63	29	32.80	15.80	4.12	2.10	0.40	108	77	39	14	冀
	苦苣菜	7.66	0.25	52	40.00	14.90	2.14	4.83	3.18	111	69	32	15	赣
鸭跖草科	鸭跖草	3.39	0.46	118	42.40	13.90	5.44	5.87	3.27	174	171	32	17	浙
雨久花科	鸭舌草	6.17	0.44	78	40.20	10.20	5.22	5.25	7.57	476	364	43	13	苏
百合科	小黄花菜（叶）	0.31	0.77	340	20.50	8.60	2.12	2.12	2.26	12.40	37	33	8	冀
	薤白	3.94	0.14	69	31.30	31.10	2.50	11.13	0.32	251	67	26	6	赣
	山韭	0.94	0.31	82	25.50	13.50	2.39	1.73	0.78	88	20	22	5	冀
	玉竹	5.40	0.19	133	23.00	6.60	2.61	3.93	0.34	108	87	38	7	辽

摘自《中国野菜图谱》

K、Ca 含量最高，Zn、Cu 含量最低，含量的大致趋势是 K>Ca>Mg>P>Na>Fe>Mn>Zn>Cu，这种自然分布趋势恰恰符合于人体需要量的分配，即 K、Ca、Mg、P 量多，Fe 少量，Zn 和 Cu 微量。因此，采食野菜，不至于产生某种元素的过量而影响代谢，而从野菜中得到的维生素和矿物元素，却大有益于生长发育和身体健康。

野菜还是提供膳食纤维的好来源。纤维素具有吸水性，增加粪便量，刺激胃肠道蠕动，促进消化腺分泌，有助于消化；它还有离子交换能力和吸附作用，可降解部分有害毒物。研究证明，适宜的膳食纤维对预防直肠癌、糖尿病、冠心病、胆结石、痔疮等疾病很有好处。

虽然，野菜中蛋白质含量较少，但氨基酸的成分比较平衡，与主食掺和食用，可使膳食中蛋白质的营养价值提高。

野菜的毒性简易鉴定、去毒处理与中毒救治

1. 检定野菜是否含有毒物

要了解野菜有无毒性，一是根据历来民间采食经验；二是用化学检测法检测有毒成分。此外，还可用动物饲养来鉴定，而以化学检测法最为灵敏、准确，但常由于缺乏必要的分析条件而不能施行。这时，利用煮熟观察法也是一种简易而有效的鉴别法。

（1）煮熟后尝味，若有明显的苦涩或其他怪味则表示有毒。涩味表示有单宁，苦味则可能含有生物碱、糖苷等苦味物质。

（2）在煮后的汤水中加入浓茶，若产生大量沉淀，则表示内含金属盐或生物碱。

（3）煮后的汤水经振摇后产生大量泡沫者，则表示含有皂甙类物质。

（4）煮过晒干磨成粉，混入饲料中，喂养动物，观察动物有何反应。

2. 野菜的去毒处理法

（1）凉水浸漂法：水中浸泡并漂洗，可除去溶于水的糖苷、单宁、生物碱和亚硝酸盐。

（2）煮沸法：先煮开，再用清水漂洗，可进一步除去

上述有毒物质。

（3）烘炒法：加热可使某些有毒物质分解或能除去一些挥发性毒物。

（4）碱洗法：用0.1%碳酸钠溶液或石灰水浸洗可除去单宁。

（5）酸洗法：用稀醋酸浸洗可除去生物碱。

3. 野菜中毒急救治疗

民间传统采食的野菜，一般无毒或毒性很小，一旦误采了有毒植物，并发生意外，吃后有头晕、头痛、恶心、腹痛和腹泻等中毒症状时，应立即停止食用，并进行急救治疗。原则为排除毒物和解毒。

（1）催吐：可用手指或用鸡翎扫咽喉部，使之吐出清水为止。

（2）导泻：常用导泻剂有硫酸镁和硫酸钠，用量15～30克，加水200毫升，口服。

（3）洗胃：最方便的可用肥皂水或浓茶水洗胃，也可用2%碳酸氢钠洗，此法亦能同时除去已到肠内的毒物，起到洗肠的作用。

（4）解毒：在进行上述急救处理后，还应当对症治疗，服用解毒剂，最简便的是吃生鸡蛋清、生牛奶或用大蒜捣汁冲服。有条件的可服用通用解毒剂（活性炭4份，氧化镁2份，鞣酸2份和水100份），其主要作用能吸附或中和生物碱、甙类、重金属和酸类等毒物。

野菜的食用方法

野菜的吃法与栽培蔬菜相仿，根据民间食用法大致有以下几种：

1. 生吃

一些无毒，味好或带有酸甜味的野菜都可以生食，如苣荬菜、酸模叶蓼、华北大黄等洗净消毒后就可生食或调味拌食。这种吃法，维生素不会损失或损失很少。

2. 炒食、煮汤或做馅

无毒和无不良异味的野菜，如地肤、荠菜、豆瓣菜、刺儿菜、蕨菜和鸭跖草等，其嫩茎叶洗净后即可炒食或煮食。也可做馅，味道都很好。

3. 凉拌吃

有些无毒味美的野菜，如马齿苋、海乳草、水芹菜等，洗净，用开水烫过，加入调料，凉拌吃。这种吃法可去掉一些野菜的苦涩味，营养素损失也不大。

4. 煮、浸、去汁后炒食

某些有苦涩味的野菜，如龙牙草，鹅绒委陵菜、黄花龙牙和蒌蒿等，将其可食部分，洗净后，先用开水烫过或煮沸，再用清水浸泡，减除苦涩味后挤去汁水，炒食，这种吃法营养素损失较多。

5. 做干菜

大部分野菜都可先经开水烫煮后晒成干菜或盐腌，以备缺菜时食用。此法主要适宜一些季节性强，采摘期较短而又易于大量采集的种类，如黄花菜、蕨菜等。

64 种常见可食野菜

1. 白花败酱²⁷⁶⁸

Patrinia villosa juss. 败酱科

【别名】 胭脂麻　败酱

多年生草本。高 50～100 厘米。茎直立，具倒生白色粗毛，上部稍有分枝。基生叶丛生，茎生叶对生，卵形、菱状卵形或窄椭圆形，边缘有粗锯齿，顶端尖渐尖，两面疏生长柔毛，脉上尤密。花顶生，成伞房状圆锥聚伞花序；白色瘦果倒卵形，与宿存增大的苞片贴生成圆翅。(彩图 1)

【生境】 生长于山坡草地及路旁。

【维生素含量】 胡萝卜素 4.94，维生素 B_2 0.61，维生素 C 98。(毫克 /100 克可食部)

【食用方法】 摘嫩茎叶，开水烫过，清水漂洗后炒食，或晒干制成干菜。

【药用功能】 全草，苦、平、无毒。入肝、胃、大肠经。清热解毒，排脓破瘀。

2. 萹蓄⁴⁸³⁴

Polygonum aviculare L. 蓼科

【别名】 扁竹 猪牙草 鸟蓼 地蓼扁竹 道生草
竹节草

一年生草本，高 15～50 厘米。茎平卧或上升，自基部
分枝甚多，有棱角。叶披针形或狭椭圆形，长 1.5～3 厘米，
宽 5～10 毫米，全缘；托叶鞘筒状膜质，顶端破裂。花单
生或数朵簇生于叶腋；花被绿色，边缘白色或淡红色。瘦
果卵形，有 3 棱，黑褐色，密生小点，无光泽。（彩图 2）

【生境】 生于田野、荒地、路旁及水湿地。

【维生素含量】 胡萝卜素 9.34，维生素 B_2 0.50，维生
素 C 157。（毫克 /100 克可食部）

【食用方法】 嫩茎叶，炒食或切碎后与面粉混合蒸食，
味道很好。也可做干菜。

【药用功能】 全草，苦、微寒，归膀胱经，利尿通淋、
杀虫、止痒。

3. 北锦葵

Malva mohileviensis Downar 锦葵科

【别名】 马蹄菜　山榆皮

一年生草本。高 40～100 厘米，茎直立。叶具长柄，稍有毛；叶片近圆形，基部深心形，上部 5～7 浅裂，裂片卵状三角形，顶端钝圆或锐尖，边缘具圆齿，下面疏生星状柔毛、单毛或二叉状毛。花近无柄，簇生于叶腋，小苞片 3，条状披针形；萼 5 裂，裂片卵状三角形，锐尖，背面具星状柔毛，边缘有硬毛；花瓣淡紫红色或淡红色，顶端微凹；果略呈盘状，种子暗褐色。（彩图 3）

【生境】 生于山坡、路旁、庭园及杂草地。

【维生素含量】 胡萝卜素 6.64，维生素 B_2 0.34，维生素 C 183。（毫克 /100 克可食部）

【食用方法】 采嫩叶，炒食、作汤或做馅，味美可口。老叶晒干掺入面粉蒸食。

【其他】 本种与广布全国各地的冬葵[1536]，又名（马蹄菜、冬寒菜）（*Malva verticillata* L.）相近似，不同点在于冬葵叶柄与叶片近等长，叶片基部微心形，靠近叶柄处微下延，常生于平原旷野、人家附近，或栽培作蔬菜。根、苗、叶均可入药，具清热利水等作用。

4. 变豆菜

Sanicula chinensis Bge. 伞形科

【别名】 山芹菜

多年生草本。茎高 30～100 厘米，直立，上部几次二岐分枝，有纵沟纹，无毛。基生叶少数，近圆形、圆肾形或圆心形，通常 3 全裂，中裂片倒卵形或楔状倒卵形，长 3～10 厘米，宽 4～13 厘米，无柄或有短柄，侧裂片深裂，边缘具尖锐的重锯齿；叶柄长 7～30 厘米；茎生叶近无柄，通常 3 深裂。伞形花序 2～3 回二岐分枝；总苞片叶状，3 深裂；伞辐 2～3；小总苞片 8～10，卵状披针形或条形；小伞形花序有花 6～10，雄花 3～7，两性花 2～3，花瓣白色或绿白色。又悬果圆卵形，长 4～5 毫米，密生顶端具钩基部膨大的直立皮刺。（彩图 4）

【生境】 阴湿的山坡、路旁、溪边和林下草丛中。

【维生素含量】 胡萝卜素 5.14，维生素 B_2 0.46，维生素 C 33。（毫克 /100 克可食部）

【食用方法】 采摘嫩茎叶，开水烫后炒食。

5. 薄荷⁵⁵⁵³

Mentha haplocalyx Briq. 唇形科

【别名】 野薄荷　水薄荷　蕃荷菜　升阳菜

多年生草本。茎直立,高 30～60 厘米,四棱形,多分枝。叶片,对生,矩圆状披针形、椭圆形或卵状披针形,稀矩圆形,长 3～5(7)厘米,宽 0.8～3 厘米,先端锐尖,基部楔形至近圆形,边缘锯齿,侧脉约 5～6 对,两面均有毛;叶柄,腹面凹,背面凸,被微柔毛。轮伞花序,腋生,球形,有梗或无梗;花萼筒状钟形,花冠二唇形,上唇顶端微凹,下唇 3 裂;淡紫色,外面被毛,内面喉部以下被微柔毛。小坚果卵球形。(彩图 5)

【生境】 喜潮湿生于水旁湿地水沟旁。也有栽培。

【维生素含量】 胡萝卜素 7.26,维生素 B$_2$ 0.14,维生素 C 62。(毫克 /100 克可食部)

【食用方法】 嫩茎叶,开水烫后凉拌或炒食,也可加入面粉蒸食,晒制干菜。

【药用功能】 茎叶,辛凉,归肺、肝经,宣散风热、清头目、透疹。

6. 长萼鸡眼草[2457]

Kummerowia stipulacea （Maxim.） Makino 豆科

【别名】 鸡眼草　掐不齐

一年生草本。茎直立、斜升或平卧，高 10～30 厘米，分枝多而开展，幼枝疏生向下的毛。叶，互生 3 小叶；小叶倒卵形或椭圆形，长 5～20 毫米，宽 3～12 毫米，全缘，上面无毛，下面中脉及叶缘有白色长硬毛，托叶 2，卵形或卵状披针形。花 1～3 朵簇生于叶腋；花梗具关节；花冠上部暗紫色。荚果卵形；种子黑色，平滑。（彩图 6）

【生境】 生于山坡、路旁、田边及荒地。

【维生素含量】 胡萝卜素 6.23，维生素 B_2 1.41，维生素 C 340。（毫克 /100 克可食部）

【食用方法】 5、6 月间采嫩茎叶，开水烫后炒食或做汤。种子可煮食，叶还可作粗茶。

【药用功能】 甘、辛、平。清热解毒，健脾利湿。（7～8月采收晒干或鲜用）

【其他】 鸡眼草 [*K.striata*（Thunb.）Schindl.] 又称掐不齐，公母草，人字草，其幼枝具白色向下的毛；花梗无毛；种子黑色，具不规则的褐色斑点。生境相同。

7. 朝天委陵菜

Potentilla supina L. 蔷薇科

【别名】 老鹳筋

一年生或二年生草本。茎高 10～50 厘米，平铺或倾斜伸展，多分枝，疏生柔毛。叶羽状复叶；基生叶有小叶 7～13 枚，小叶倒卵形或矩圆形，长 0.6～3 厘米，宽 4～15 毫米，先端圆钝，边缘有缺刻状锯齿；茎生叶与基生叶相似，有时为三出复叶；花，单生于叶腋；花梗长 8～15 毫米，有的可达 30 毫米；花黄色，直径 6～8 毫米。瘦果卵形，黄褐色，有纵皱纹。（彩图 7）

【生境】 生于田边、路旁、沟边或沙滩等湿润草地。（可栽培）

【维生素含量】 胡萝卜素 8.30，维生素 B_2 0.47，维生素 C 405。（毫克 /100 克可食部）

【食用方法】 3～6 月采摘嫩茎叶，先用开水烫过，冷水浸泡以去涩味，然后炒食。亦可早春或秋季采挖块根，煮稀饭，味香甜。

【其他】 委陵菜[2830]（翻白菜、黄州白头翁）*Potentilla-chinensis* Ser.

8. 车前⁰⁷⁹⁹

Plantago major L.车前科

【别名】 车前　车轮菜　车轱辘菜

多年生草本。叶，全部基生，平铺地面，叶片宽卵形或矩圆状卵形。基部狭窄成柄，边缘有不规则疏齿。根为须根；花果，花葶直立，有疏毛；穗状花序，苞片卵形，萼片白色，膜质；花冠顶部 4 裂，淡绿色。蒴果椭圆形，盖裂，种子，棕黑色。（彩图 8）

【生境】 分布于向阳、温暖、潮湿的山谷林边、沟旁、草地、村旁和空旷地。

【食用方法】 采幼嫩茎叶、幼苗，用沸水淖后，凉拌、炒食、作馅、作汤。

【营养成分】 粗蛋白 15.3、胡萝卜素 5.19、维生素 B_2 0.25、维生素 C 23。（毫克 /100 克可食部）

【药用功能】 种子，甘，寒。入肝、肾、小肠经。补肾明目，利尿通淋，清肺热，化痰止咳。主治肝肾阴虚目暗不明，或肝热目赤，热淋湿淋，肺热咳嗽多痰。全草清热解毒，利尿化痰止咳。多用治疮疖疔毒，湿热淋，如急性膀胱炎。

9. 刺儿菜⁰⁴⁷⁹

Cephalanoplos segetum（Bge.）Kitam. 菊科

【别名】 小蓟　青青菜　蓟蓟菜　刺狗牙

多年生草本。具长匍匐根。茎直立，高 20～50 厘米，稍被蛛丝状毛。叶，互生，椭圆形或长椭圆状披针形，长 7～10 厘米，宽 1.5～2.5 厘米。顶端钝尖，全缘或有锯齿，有刺，两面有疏或密的蛛丝状毛，无叶柄。头状花序单生于茎顶端，雌雄异株，雌株头状花序较大，花全为管状，淡紫红色。瘦果椭圆形或长卵形，略扁；冠毛羽状，先端肥厚而弯曲。（彩图 9）

【生境】 荒地、路旁、田间。

【维生素含量】 胡萝卜素 1.87，维生素 B_2 0.30，维生素 C 39。（毫克 /100 克可食部）

【食用方法】 春夏季采嫩苗，炒食或做汤，味很好。

【药用功能】 根苗：甘、苦、凉、无毒，归肝、心经。凉血、止血祛瘀。养精保血，破血生新。苗去烦热，夏月烦热不止，生研汁半升服，瘥。（夏秋两季采收晒干）。

10. 刺五加⁰⁷⁶⁷

Acanthopanax senticosus（Rupr. et Maxim.） Harms 五加科

【别名】 刺拐棒　五加参　五加皮

灌木，高 1～2 米许。小枝密生细刺。掌状复叶，互生，有小叶 3～5 枚，叶柄常疏生细刺，长 3～10 厘米；椭圆状倒卵形或矩圆形，长 5～13 厘米，宽 3～7 厘米，边缘有锐利双重的锯齿，侧脉 6～7 对，两面明显；伞形花序单个顶生球形；淡紫黄色；果实球形或卵球形，具 5 棱，黑色。（彩图 10）

【生境】 散生于针阔叶混交林下或林缘灌丛中。

【维生素含量】 胡萝卜素 5.40，维生素 B_2 0.52，维生素 C 121。（毫克 /100 克可食部）

【食用方法】 春季采初发的嫩芽和幼叶，开水烫过，清水漂洗，炒食或做汤，味清香，也可晒干菜。茎皮和根皮入药。

【药用功能】 根皮，辛、微苦、温、归脾、肾、心经，益气健脾，补肾安神，祛风湿，壮筋骨，活血祛瘀。

11. 打碗花³³⁷⁴

Calystegia hederacea Wall. 旋花科

【别名】 小旋花　兔耳草　面根藤

多年生蔓生草本，有白色根状茎。茎，缠绕或匍匐，通常由基部分枝。叶互生，有长柄；基部叶全缘，近椭圆形，基部心形；茎上部叶三角状戟形，侧裂片开展，通常2裂，中裂片披针形或卵状三角形，顶端钝尖，基部心形。花单生叶腋，苞片2，包围花萼，萼片5，矩圆形；花冠漏斗状，淡粉红色；雄蕊5，雌蕊1。蒴果卵圆形，稍尖光滑无毛；种子黑褐色。（彩图11）

【生境】 多生于耕地、荒地和路旁草丛中。

【维生素含量】 胡萝卜素8.30，维生素 B_2 0.07，维生素 C 78。（毫克/100克可食部）

【食用方法】 采摘嫩茎叶，开水烫后炒食或煮食，也可作汤。

【药用功能】 全草平、淡、微甜，无毒；健脾利湿，调经活血，滋阴补虚。

【其他】 篱打碗花 ［*C.sepium*（L.）R.Br.］ 根、叶也供食用，其花较大，长4～6厘米；叶三角状卵形，长4～8厘米，宽3～5厘米，先端渐尖，基部戟形，两侧有浅裂片或全缘。生境相同。

【维生素含量】 胡萝卜素4.73，维生素 B_2 4.96，维生素 C 85。（毫克/100克可食部）

12. 地肤¹⁶³⁵

Kochia scoparia（L.）Schrad. 藜科

【别名】 扫帚菜　铁扫把子　地葵　扫帚苗

一年生草本，高 50～100 厘米。茎直立，多分枝；幼时有白色柔毛。叶互生，无柄，披针形，长 2～5 厘米，宽 3～7 毫米，全缘，多数无毛，幼叶或边缘常有白色长柔毛。花两性或间有雌性，通常 1～3 个生于叶腋，集成稀疏的穗状花序；花黄绿色；花被 5 裂，裂片三角形，果期背部生三角状横突起或翅。胞果扁圆形，包于花被内；种子黑褐色，稍有光泽。（彩图 12）

【生境】 生于山野荒地、田园路边、村舍旁可栽培。

【维生素含量】 胡萝卜素 4.36，维生素 B_2 0.13，维生素 C 62。（毫克 /100 克可食部）

【食用方法】 3～7 月采嫩茎叶，炒食或做馅，味道很好。亦可烫后晒成干菜。

【药用功能】 苗叶苦寒无毒。捣汁服，治赤白痢；煎水洗目，去热暗雀盲涩痛。治泄泻。

13. 地榆[1617]

Sanguisorba officinalis L. 蔷薇科

【别名】 白地榆　黄香瓜　小紫草　山红枣　马猴枣

多年生草本，高 70～100 厘米；根、茎粗壮直立，有棱，无毛。叶，单数羽状复叶互生，茎生叶近于无柄，小叶 5～19，椭圆形至长卵形，边缘有圆而尖的锯齿，两面无毛；花小，无花瓣，密集成顶生的矩圆形的穗状花序，萼片 4，花瓣状，紫红色；瘦果褐色，包于宿存的萼内。（彩图 13）

【生境】 生于山坡、草地及高山草甸灌丛中。

【维生素含量】 胡萝卜素 8.30，维生素 B_2 0.72，维生素 C 229。（毫克 /100 克可食部）

【食用方法】 3、4 月摘嫩苗，夏秋季采嫩叶，开水烫过，清水漂洗去苦水，然后炒食，花穗也可食用。

【药用功能】 根，苦、微寒、无毒；凉血止血，清热解毒。消炎除渴，明目。叶作饮代茶，甚解热。

14. 豆瓣菜[1718]

Nasturtium officinale R.Br. 十字花科

【别名】 西洋菜　水芥菜　水田芥

多年生水生草本，高 10～50 厘米，全体无毛。茎匍匐且漂浮，节节生根，多分枝。叶为奇数羽状复叶；小叶 1～4 对，矩圆形或近圆形，顶端一枚较大，有少数波状齿或全缘。总状花序顶生；花，白色，具柄，长子花萼。长角果圆柱形，有短喙；种子成两行，卵形，褐红色。(彩图 14)

【生境】 生于溪畔、塘边和山沟流动的浅水中。

【维生素含量】 胡萝卜素 4.67，维生素 B_2 0.17，维生素 C 80。(毫克 /100 克可食部)

【食用方法】 采摘嫩茎叶开水烫过，加调料拌食或炒食；也可做馅好吃。

【药用功能】 (西洋菜干) 治肺病及肺热燥咳。

15. 鹅绒委陵菜⁵⁴⁶⁴

Potentilla anserina L. 蔷薇科

【别名】 人参果　蕨麻　莲菜花　鸭子巴掌菜　戳玛（藏名）

多年生草本，高 10～25 厘米。根肉质呈纺锤形。茎匍匐细长，节上生根，微有长柔毛。基生叶，为羽状复叶；小叶 3～12 对，卵状矩圆形或椭圆形，长 1～3 厘米，宽 0.6～1.5 厘米，边缘有深锯齿，下面密生白色棉毛；叶柄长：茎生叶有少数小叶。花单生于匍匐茎的叶腋，黄色，花梗长 1～7 厘米。瘦果卵形，背部有槽。（彩图 15）

【生境】 生于山坡、河谷或湿润草地。

【维生素含量】 胡萝卜素 4.88，维生素 B_2 0.72，维生素 C 340。（毫克 /100 克可食部）

【食用方法】 3～6 月采摘嫩茎叶，先用开水烫过，冷水浸泡去涩味然后炒食；秋季或早春采挖块根，煮稀饭，味香甜。

【药用功能】 甘、平。健脾益胃，生津止渴，益气补血，（6～9 月挖采）。

16. 返顾马先蒿⁰⁵⁹⁴

Pedicularis resupinata L. 玄参科

【别名】 鸡冠菜　马先蒿　马尿泡

多年生草本，高 30～70 厘米，直立。茎四棱而中空，带紫红色，上部多分枝。叶互生或有时对生；卵形至矩圆状披针形，边缘有钝圆的重锯齿，两面无毛或有疏毛，叶柄短。花单生于枝上部的叶腋；苞片叶状；花萼齿 2 枚；花冠淡紫红色，稀有白色，自基部向右扭转，使下唇及盔部成回顾状，盔的上部作两次膝状弓曲，顶端成圆锥形短喙，下唇稍长于盔，中裂片较小，略向前凸出。蒴果斜矩圆状披针形。（彩图 16）

【生境】 生于潮湿草地及林缘。

【维生素含量】 胡萝卜素 4.77，维生素 B_2 0.47，维生素 C 72。（毫克 /100 克可食部）

【食用方法】 采摘嫩茎叶，开水烫后，再用清水浸泡数小时，炒食。

【药用功能】 根，苦、平，无毒。祛风、胜湿、利水。

17. 枸杞³¹⁶³

Lycium chinense Mill. 茄科

【别名】 枸杞菜　枸杞子　狗牙菜　杞果

蔓生灌木，高达 1 米余。枝条细长，常弯曲下垂，幼枝叶腋有短刺。叶，单叶，互生或簇生于短枝上，卵状狭菱形或卵状披针形，长 1.5～5 厘米，宽 5～17 毫米，全缘；叶柄长约 3 毫米。花腋生，通常 1～5 朵簇生，花梗长 5～15 毫米；花萼钟状，3～5 裂；花冠漏斗状，淡紫色，长 9～12 毫米。浆果卵形或长圆形，深红色或橘红色；种子肾形，黄色。（彩图 17）

【生境】 生于山坡、路旁、田埂、丘陵地带或灌木丛中，也有栽培。

【维生素含量】 胡萝卜素 5.90，维生素 B_2 0.21，维生素 C 69。（毫克 /100 克可食部）

【食用方法】 春夏秋采摘幼嫩枝叶，加糖、醋炒食或切碎掺和面粉蒸食。嫩叶烧豆腐，味香可口。

【药用功能】 枸杞子（果实）甘、平、归肝、肾经兼入肺经；滋肾，润肺，补肝，益精明目。

18. 海乳草

Glaux maritima L. 报春花科

【别名】 麻雀舌头　野猫眼儿

多年生肉质小草本，全体无毛。茎丛生，高10～20厘米，直立或基部斜升。叶肉质，全缘，条形或矩圆状披针形，长5～15毫米，宽3～5毫米，先端圆头或钝尖，基部无柄或有短柄。花腋生，无梗或有短梗；花萼钟状，5裂，呈花瓣状，带淡红色；无花冠；蒴果卵球形，光滑。（彩图18）

【生境】 多生于河岸、溪边以及低洼潮湿的盐碱土上。

【维生素含量】 胡萝卜素2.70，维生素 B_2 0.37，维生素 C 131。（毫克/100克可食部）

【食用方法】 采摘嫩茎叶，开水烫后炒食。

19. 华北大黄⁰¹⁸⁸

Rheum franzenbachiin Münt. 蓼科

【别名】 大黄　山大黄　波叶大黄　苦大黄

多年生草本，高 40～100 厘米。根肥厚。茎粗壮，直立，表面有纵沟，通常不分枝。基生叶有长柄，柄下部带红紫色；叶片卵形或宽卵形，长 15～25 厘米，宽 7～18 厘米，顶端圆钝，基部近心形，边缘波状，下面稍有短毛；叶脉 3～5 条，由基部发出，在上面带紫红色；茎生叶较小，有短柄或近无柄；托叶鞘膜质，暗褐色。花序圆锥状，顶生；花梗中下部有关节；花多数白色；花被片 6，成 2 轮，瘦果有 3 棱，沿棱生翅，顶端略下凹，基部心形。（彩图 19）

【生境】 生于向阳山坡、路旁，常见于草原。有时蛇盘踞其下，采时注意。

【维生素含量】 胡萝卜素 4.05，维生素 B_2 1.17，维生素 C 150。（毫克 /100 克可食部）

【食用方法】 春末和夏初采嫩苗，烫后炒食或做汤，嫩叶用开水烫过，清水漂洗，炒食或掺入面粉蒸食；基生叶柄嫩时可去皮生食，酸甜可口，有奶味，也可加白糖溜炒。

【药用功能】 根，苦、寒、无毒，清热解毒，凉血消斑。

20. 黄花龙牙[2768]

Patrinia scabiosaefolia Fisch. 败酱科

【别名】 野黄花　土龙草　败酱　黄花败酱　龙芽败酱

多年生草本。茎直立或横卧，高达1米以上，上部光滑，下部稍有倒生粗毛，有臭味。基生叶成丛，卵状有长柄，羽状全裂；茎生叶对生，有短柄近无柄，羽状深裂至全裂，顶裂片最大，椭圆形或卵形，两侧裂片窄椭圆形或条形，向下渐变小，边缘具不整齐锯齿，两面疏生粗毛或近无毛；聚伞花序在枝端，呈疏大伞房状圆锥花丛。总花梗及花序分枝鲜黄色，常只一侧被粗白毛；花黄色。下位，瘦果长椭圆形，具三棱，无膜质增大的苞片。(彩图20)

【生境】 生于山坡草丛中。

【维生素含量】 胡萝卜素 0.83，维生素 B_2 0.78，维生素 C 98。(毫克/100克可食部)

【食用方法】 采摘嫩苗或嫩茎叶，开水烫过，清水漂洗，除去苦味后炒食。

【药用功能】 全草，辛、苦、凉，清热解毒，祛瘀排脓。

21. 活血丹[2889]

Glechoma longituba（Nakai）Rupr. 唇形科

【别名】 佛耳草　金钱草　地钱儿　透骨消

多年生草本，具匍匐茎，上升，逐节生根。茎高10～20厘米，四棱形，基部通常淡红色，幼嫩部分被疏长柔毛。叶，对生，茎下部叶较小，叶片心形或近肾形，上部叶较大，上面绿色，被疏粗伏毛，下面常带紫色，被疏柔毛，叶柄长为叶片的1～2倍。搓之有香气。轮伞花序腋生，通常2花，苞片刺芒状；花萼筒状，长为萼长的1/2，上唇3齿较长；花冠二唇形，淡蓝色至紫色，下唇具深色斑点，花冠筒有长短二型，坚果矩圆状卵形，深褐色。（彩图21）

【生境】 生于疏林下，灌丛、草地、溪边等阴湿处。

【维生素含量】 胡萝卜素 4.15，维生素 B_2 0.13，维生素 C 56。（毫克 /100 克可食部）

【食用方法】 春季采嫩茎叶，开水烫后，清水漂过炒食。

【药用功能】 （金钱草）苦、辛、凉。清热，利尿，镇咳，消肿，解毒。（4、5 月采收晒干）。

22. 鸡腿堇菜²²¹⁴

Viola acuminata Ledeb. 堇菜科

【别名】 鸡蹬菜　走边疆　红铧头草

多年生草本。茎高 15～40 厘米，直立，通常 2～6 丛生。叶，根生叶具长梗，茎生叶互生，叶片心形或心状卵形，先端短渐尖或长渐尖，基部浅心形至深心形，边缘具钝齿，两面有密生锈色腺点及细短毛或沿脉有毛；托叶羽状深裂，裂片细而长，有时为牙齿状中裂或浅裂，基部与叶柄合生，表面及边缘生细毛。花有长梗萼片 5 片，花瓣 5 片，白色或淡紫色，下瓣内面中下部具紫脉纹。蒴果椭圆形，无毛。（彩图 22）

【生境】 生于林下、林边山沟，路旁或草地上。

【维生素含量】 胡萝卜素 6.23，维生素 B₂ 0.68，维生素 C 80。（毫克 /100 克可食部）

【食用方法】 采嫩苗或嫩尖，用开水烫过，炒食或做汤，也可掺入面粉蒸食。

【药用功能】 （走边疆、小叶贯）叶，淡、寒。清热解毒。消肿止痛。

23. 荚果蕨³⁰⁹²

Matteuccia struthiopteris（L.）Todaro 球子蕨科

【**别名**】 黄瓜香 小叶贯众

多年生草本，高 50～90 厘米。根状茎直立。叶簇生，二型，有柄；营养叶幼嫩时拳卷，鲜绿色，柄有深槽，成长后叶片伸展，草质，矩圆状倒披针形，长 45～90 厘米，宽 14～25 厘米，叶轴和羽轴偶有棕色柔毛，二回羽状深裂；羽片互生，下部 10 多对向下逐渐缩短成小耳形，中部羽片最大，裂片矩圆形，圆头，边缘有波状圆齿或两侧基部全缘；叶脉羽状，侧脉不分枝。孢子叶，较短，由叶簇中间抽出，挺立，有长柄，一回羽状，羽片向下反卷成有节的荚果状，包被孢子囊群，老熟时深褐色。（彩图 23）

【**生境**】 生于高山林下或山谷荫湿之处。

【**维生素含量**】 胡萝卜素 5.71，维生素 B_2 0.47，维生素 C 118。（毫克 /100 克可食部）

【**食用方法**】 采拳卷状幼叶，与肉炒食，味美，可晾干成干菜或盐腌。

【**药用功能**】 （小叶黄瓜）带叶柄残基的根茎，苦，凉。入肝、胃经。清热，解毒，凉血，止血；杀蛔、绦、蛲虫。

24. 荏芒香豌豆³³³⁷

Lathyrus davidii hance 豆科

【别名】 鸡冠菜　山豇豆　荏芒决明

多年生草本。茎高 80～100 厘米，直立或斜升，多分枝。偶数羽状复叶，有卷须；小叶 2～5 对，卵形或椭圆状卵形，先端急尖，基部圆形或宽楔形，全缘，无毛，下面苍白色；叶轴有狭翅；托叶半箭头状。总状花序腋生，比叶稍长；萼斜钟状，萼齿 5，下面 3 个较长，三角形，急尖；花冠黄色，雄蕊 10，花柱扁平，上部里面有髯毛。荚果圆筒形，两面凸起种子近球形，褐色。（彩图 24）

【生境】 生于林缘、草坡、疏林及灌丛中。

【维生素含量】 胡萝卜素 4.77，维生素 B$_2$ 0.17，维生素 C 53。（毫克 /100 克可食部）

【食用方法】 采摘嫩苗或嫩茎叶炒食，味鲜美，也可切碎和面蒸食，种子炒食或煮食。

【药用功能】 性平无毒，子用火炙作饮极香，除痰止渴，令人不睡，调中。

25. 堇菜³⁹⁶⁰

Viola verecunda A.Gray 堇菜科

【别名】 堇堇菜　如意草　消毒药　小犁头草

多年生草本。茎高 20～30 厘米，直立或斜升。基生叶柄较长，叶片心形或肾形，先端钝或三角形，基部浅心形或深心形，边缘具浅波状圆齿。托叶狭披针形，一半以上与叶柄合生，边缘疏具细齿；茎生叶少，有短柄，托叶矩圆状披针形，离生，通常全缘。花腋生，具长梗，萼片 5 片，披针形；花瓣 5 片，白色，下瓣中下部具紫色条纹，距短，囊状，长约 3 毫米。蒴果椭圆形，无毛。（彩图 25）

【生境】 生于湿草地、草坡、路旁、灌丛及田野、屋边。

【维生素含量】 胡萝卜素 8.43，维生素 B₂ 0.52，维生素 C 183。（毫克 /100 克可食部）

【食用方法】 采嫩苗或嫩尖，开水烫过炒食，也可凉拌或做馅。

【药用功能】 （消毒药）全草,苦,微凉。清热解毒。（外用，7～8 月采）。

26. 苣荬菜[2145]

Sonchus brachyotus DC. 菊科

【别名】 取麻菜　苦荬菜　苦麻子　曲曲菜

多年生草本，茎直立，高 30～80 厘米，全株有乳汁。地下茎圆柱形，下部常带紫色。叶互生灰绿色，叶片矩圆形或矩圆状披针形，长 8～20 厘米，宽 1～3 厘米，先端钝，基部呈耳状抱茎，边缘具疏缺刻或浅裂，裂片三角形，边缘有细小尖齿。头状花序顶生，单生或排成伞房状。总苞钟形；总苞片 3～4 列；花全为舌状，黄色。瘦果矩圆形，褐色，稍扁，两面各有 3～5 条纵肋；冠毛白色。（彩图 26）

【生境】 生于田野、路旁、耕地及村舍附近。

【维生素含量】 胡萝卜素 4.36，维生素 B_2 0.27，维生素 C 33。（毫克 /100 克可食部）

【食用方法】 采嫩苗，洗净炒食，或拌酱生吃，脆嫩可口，略有苦味，长大时可摘嫩茎叶，用开水烫软后炒食，有清热去火作用。

【药用功能】 全草，苦，寒。清热解毒，补虚止咳。

27. 决明¹⁹⁰⁶

Cassia tora L. 豆科

【别名】 草决明　假花生　圆草决　假绿豆　芹决

一年生半灌木状草本，茎直立，高 0.5～1 米，有腐败气味。上部分枝全部表面有短柔毛；叶，互生，双数羽状复叶；小叶 3 对，倒卵形或倒卵状矩圆形，长 2～6 厘米，宽 1.5～3.5 厘米，下面及边缘有柔毛，下部 2 对小叶间各有 1 条形腺体；花腋生，成对，上部花聚生；花瓣 5，鲜黄色，下面两瓣较其他略长。荚果细长，近四棱形，长 15～20 厘米，宽 3～4 毫米；种子近菱形，淡褐色，光亮，两侧各有几乎与种子同宽的淡黄绿色斑块。（彩图 27）

【生境】 生于山地、田间、路旁、河边荒地上。

【维生素含量】 胡萝卜素 6.58，维生素 B_2 0.14，维生素 C 105。（毫克 /100 克可食部）

【食用方法】 采嫩茎叶炒食或做汤，夏季采花及嫩荚炒食；秋季采豆煮吃。其叶可代茶饮用。种子入药，有缓泻作用，不宜多吃。

【药用功能】 种子，甘、苦、咸微寒，归肝、肾大肠经。清热明目，润肠通便。

28. 蕨[5461]

pteridium aquilinum （L.） Kuhn var. *latiusculum* （Desv.）
Underw.ex Heller 凤尾蕨科

【别名】 蕨菜　拳头菜

多年生草本，高达 1 米左右。根状茎长而匍匐横走，有黑褐色茸毛。叶疏生，幼嫩时拳状卷曲，分三叉，成长后叶片阔三角形或矩圆状三角形，长 30～60 厘米，宽 20～45 厘米，三回羽状；第一回羽片卵状三角形，对生，有长柄；第二回羽片矩圆状披针形，羽状分裂，柄极短；末回小羽片互生，矩圆形，全缘或下部有 1～3 对浅裂片或呈波状圆齿。叶老时近革质。孢子囊群沿叶边着生，连续成线形。（彩图 28）

【生境】 喜生于湿润、肥而土层较厚的山阴坡草地上或疏林下。

【维生素含量】 胡萝卜素 1.04，维生素 B_2 0.13，维生素 C 27。（毫克 /100 克可食部）

【食用方法】 采拳卷状幼叶，与肉炒食，味美，可晾干成干菜或盐腌。

【药用功能】 嫩叶，甘、寒、滑、无毒，清热、滑肠降气、化痰；去暴热，利水道。

29. 苦苣菜²⁶²⁷

Sonchus oleraceus L. 菊科

【别名】 苦荬　小鹅菜　苦菜

一年至二年生草本，高 50～100 厘米。茎直立，中空，具乳汁。不分枝或上部有分枝。叶柔软，长椭圆状披针形，羽状深裂、大头状羽状全裂或羽状半裂，顶裂片大或与侧裂片等大，少有叶不分裂的，边缘有刺状尖齿，下部叶有具翅短柄，基部扩大抱茎。中部及上部叶无柄，基部宽大呈戟状耳形而抱茎。头状花序排成伞房状，梗或总苞下部疏生腺毛；舌状花，黄色。瘦果长椭圆状倒卵形，压扁，褐色或红褐色，边缘具微齿，两面各有 3 条隆起的纵肋；冠毛白色。（彩图 29）

【生境】 生于田野、路旁、村舍附近，也有栽培供蔬食。

【维生素含量】 胡萝卜素 7.66，维生素 B_2 0.25，维生素 C 52。（毫克 /100 克可食部）

【食用方法】 采嫩苗或嫩茎叶，先用开水烫过，再用清水漂洗，炒食或加酱拌食，也可掺米煮菜粥吃。

【药用功能】 全草，苦、寒、无毒，入心胃大肠经。清热、凉血，解毒，益心、和血、通气。

30. 藜[5651]

Chenopodium album L. 藜科

【别名】 灰菜　灰条菜

一年生草本，高 60～120 厘米。茎直立，有绿色或紫色的条纹，多分枝。叶、互生，叶片菱状卵形至披针形，先端急尖或微钝，基部宽楔形，边缘常有不整齐的锯齿，下面灰白色，表面有白粉粒，幼时更多，叶柄与叶片近等长。花黄绿色，数朵簇生于枝条的叶腋内；花被片 5，背部有绿色隆脊，表面有白粉，通常包围小胞果；种子，扁圆形，黑色，光亮。（彩图 30）

【生境】 多生于路边、荒地、田间、宅旁等地。

【维生素含量】 胡萝卜素 6.33，维生素 B_2 0.34，维生素 C 167。（毫克 /100 克可食部）

【食用方法】 采嫩茎叶，先用开水烫过再用清水泡数小时后，炒食或做汤。大量或长期食用时有人会发生光过敏、浮肿或皮肤痒感。一般认为茎端有红色粉粒的红心红叶更易引起反应，应避免采食。

【药用功能】 叶，甘、平、微毒。杀虫。去癜风。

31. 龙牙草[1372]

Agrimonia pilosa Ledeb. 蔷薇科

【别名】 仙鹤草　山昆菜　瓜香草　脱力草

多年生草本，高 30～60 厘米，全体密生白色长柔毛。奇数羽状复叶，互生，有叶状托叶；小叶 5～7，间有小型小叶，先端及中部小叶较大，椭圆状卵形或长椭圆形，边缘有锯齿，两面均疏生柔毛，下面有多数腺点。总状花序顶生；花黄色，直径有短梗；萼筒外有纵沟并有毛；花瓣 5，瘦果包于有钩刺的宿存花萼内。（彩图 31）

【生境】 生于山坡、路旁、草地。

【维生素含量】 胡萝卜素 7.01，维生素 B_2 0.63，维生素 C 157。（毫克 /100 克可食部）

【食用方法】 采嫩茎叶，开水烫过，清水漂洗数次，除去苦涩味后炒食。

【药用功能】 全草，苦、辛、涩、平；归心、肝肺、脾经；收敛止血、截疟、止痢、解毒、健脾。

32. 蒌蒿[4820]

Artemisia selengensis Turcz. 菊科

【**别名**】 水蒿 柳蒿 驴蒿

多年生草本，有地下茎。茎直立，高 60～150 厘米，常带紫红色。茎下中部叶羽状深裂，侧裂片 2 对或 1 对，条状披针形或条形，顶端渐尖，有疏浅锯齿，下面表面有白色薄茸毛，基部渐狭成楔形短柄；上部叶 3 裂或不裂，或条形而全缘。头状花序有短梗，多数密集成狭长的复总状花序，有条形苞叶；总苞近钟状，黄褐色，表面有短棉毛。花黄色，瘦果微小。（彩图 32）

【**生境**】 生于河滩或沟边湿草地上。

【**维生素含量**】 胡萝卜素 4.88，维生素 B_2 0.52，维生素 C 49。（毫克 /100 克可食部）

【**食用方法**】 采嫩茎去叶，用开水烫后与肉、香肠炒食，味美可口；或取嫩茎叶，先开水烫过清水漂洗，挤去汁水，炒食或掺入米粉蒸食，也可生腌，醋腌为菹食。

【**药用功能**】 苗、根，甘、平、无毒。治五脏邪气，风寒湿痹，补中益气，长毛发令黑，疗心悸，少食常饥。久服轻身，耳目聪明不老。

33. 绿苋1381

Amaranthus viridis L. 苋科

【别名】 野苋　白苋　皱果苋　野咸菜

一年生草本，高 40～80 厘米，全体无毛。茎直立，少分枝。叶卵形至卵状矩圆形，长 2～9 厘米，宽 2.5～6 厘米；叶柄与叶片近等长。花，呈腋生穗状花序，或集成顶生圆锥花序；苞片和小苞片，披针形；花被片 3，矩圆形或倒披针形，膜质，背面有绿色隆脊。胞果扁球形，极皱缩，不开裂，超出宿存花被片。（彩图 33）

【生境】 多生于田野、路旁和旷地。（可栽培）

【维生素含量】 胡萝卜素 3.29，维生素 B_2 0.11，维生素 C 105。（毫克 /100 克可食部）

【食用方法】 采摘嫩茎叶，炒食，其味比栽培的苋菜更美。可晾干做成干菜。

【药用功能】 全草，甘、淡、凉，清热解毒，治疮肿，牙疳，虫咬。

【其他】 刺苋（*A.spinosus* L.）和反枝苋（*A.retroflexus* L.）也常作野菜食用，都是田边、旷地常见的杂草。刺苋，又名簕咸菜，其叶腋具 2 刺，分布于陕西、河南、华东、中南、西南等省区。反枝苋，又称西风谷，产于东北、华北和西北地区，其茎叶均被短柔毛，圆锥花序较粗壮，胞果包裹在宿存花被内。

34. 落葵[4821]

Basclla alba L. 落葵科

【别名】 胭脂菜　豆腐菜　藤菜　承露　燕脂菜

肉质藤本。茎长达数米，有分枝，绿色或淡紫色，全体光滑无毛。单叶互生，卵形或近圆形，先端急尖，基部心形或近心形，全缘；叶柄长 1～3 厘米。穗状花序腋生；萼片 5，粉红色或淡紫色，基部白色，连合成管；无花瓣；雄蕊 5 枚，生于萼管口，与萼片对生；果实卵形或球形，包于宿存的肉质萼内。（彩图 34）

【生境】 生于山坡、田埂或村寨旁。

【维生素含量】 胡萝卜素 2.88，维生素 B_2 1.31，维生素 C 85。（毫克 /100 克可食部）

【食用方法】 采摘嫩叶或嫩茎尖，洗净炒食，或与豆腐一起煮汤吃，鲜美可口。

【药用功能】 全草，酸、寒、滑、无毒，入心、肝、脾、大、小肠经。清热，滑肠，凉血，解毒。子，悦泽人面，可作面脂。（取种子蒸用烈日暴晒干，捋去皮取仁细研，和白蜜涂面。

35. 马齿苋⁰⁵⁹⁸

Portulaca oleracea L. 马齿苋科

【别名】 马齿菜　马蛇子菜　蚂蚱菜　长寿菜　五行草

一年生肉质草本。全株光滑无毛，高 20～30 厘米，茎圆柱形茎平卧或斜向上，自基部多分枝，淡绿色或带紫红色。叶互生，叶片肥厚肉质，倒卵形，长 1～3 厘米，宽 5～14 毫米，先端圆钝或平截，有时微凹，全缘。花黄色，通常 3～5 朵簇生于枝端叶腋；萼片 2，对生，花瓣 5，倒卵状矩圆形，午时盛开。蒴果圆锥形，盖裂；种子多数，黑色，表面有小疣状突起。（彩图 35）

【生境】 生于田间、路旁、菜园、荒地。

【维生素含量】 胡萝卜素 3.94，维生素 B_2 0.16，维生素 C 65。（毫克 /100 克可食部）

【食用方法】 采嫩茎叶，开水烫后，轻轻挤出汁水，加调料拌食或炒食，滑软可口。也可用开水烫后晾干而成干菜。

【药用功能】 酸寒无毒，归肝、脾、大肠经；清热解毒，凉血止血。

36. 牡蒿[2291]

Artemisia japonica Thunb. 菊科

【别名】 香青蒿　齐头蒿　老鸦青　花艾草

多年生草本。茎直立，高 30～90 厘米，无毛或表面有微柔毛。叶互生，两面绿色，中部叶基部楔形，顶端有齿或近掌状分裂，无毛或表面有微柔毛；上部叶近条形，3 裂或不裂。头状花序，排列成圆锥花序状，球形或宽卵形，直径约 1.5 毫米；总苞球形，苞片 4 层，最外层卵形；边缘花雌性；中心花两性。瘦果椭圆形。（彩图 36）

【生境】 山坡路边、荒野向阳处。

【维生素含量】 胡萝卜素 5.14，维生素 B$_2$ 1.07，维生素 C 52。（毫克 /100 克可食部）

【食用方法】 采嫩茎叶，开水烫后炒食，嫩叶可掺入面粉煮食。

【药用功能】 全草，苦、微甘、寒、无毒，清热、解表、杀虫。充肌肤，益气，令暴肥。不可久服。

37. 牛繁缕[4987]

Malachium aquaticum（L.）Fries 石竹科

【别名】 鹅肠菜 繁缕 滋草 五爪龙

多年生草本。高 50～80 厘米，茎多分枝。单叶对生，卵形或宽卵形，顶端锐尖，基部圆形或近心形，全缘，上部叶无柄，下部叶柄长 5～10 毫米。花顶生枝端或单生叶腋，多数集成聚伞花序；花梗有短柔毛，花后下垂；萼片 5，基部连合，外面有短柔毛；花瓣 5，白色，顶端2 深裂至基部；雄蕊 10；子房矩圆形，花柱 5。蒴果卵形，5 瓣裂，每瓣顶端再 2 裂；种子扁圆形，褐色，表面具瘤状突起。（彩图 37）

【生境】 生于山坡、路旁、田间、草地等较阴湿处。

【维生素含量】 胡萝卜素 3.09，维生素 B_2 0.36，维生素 C 98。（毫克 /100 克可食部）

【食用方法】 采嫩苗或嫩叶，开水烫后炒食或煮食。

【药用功能】 全草，酸、平、无毒，清热解毒，活血去瘀，下乳催生。

38. 牛膝⁰⁸³³

Achyranthes bidentata B1. 苋科

【别名】 山苋菜　怀牛膝　白牛膝　土牛膝

多年生草本，高 30～100 厘米。根细长，丛生，圆柱形。茎直立，方形，有条纹，节部膝状膨大，节上有对生的分枝。叶对生，椭圆形或椭圆状披针形，长 5～10 厘米，宽 2～5 厘米，基部楔形或宽楔形，全缘，两面有柔毛。穗状花序腋生并顶生，花梗和总花梗密生绒毛，花后总花梗伸长，花向下折而贴近总花梗；每花有 1 枚苞片和 2 枚小苞片；小苞片针状；花被片 5，绿色；胞果矩圆形。（彩图 38）

【生境】 生于山坡林下、沟边。也有栽培。

【维生素含量】 胡萝卜素 6.79，维生素 B_2 0.48，维生素 C 111。（毫克 /100 克可食部）

【食用方法】 采嫩茎叶炒食，味美，助消化。

【药用功能】 根，苦、酸、平；归肝、肾经；补肝肾，强筋骨，清热解毒，逐瘀通经，引血下行。降压，利尿。

39. 牛蒡⁰⁸⁶¹

Arctium lappa L.菊科

【别名】 牛蒡子 大力子 牛子 老母猪耳朵

多年生草本。根，圆柱形而肥大。叶基生叶成丛，有长柄；茎生叶，互生，阔卵形或心形，顶端钝，有小尖头，基部心形，叶缘有疏波状锯齿，下面密生白毛。花，头状花序，簇生于茎顶，略呈伞房状，苞片顶端内曲成钩，花管状，紫红色；瘦果淡褐色，冠毛白色。（彩图 39）

【生境】 多生于山沟、塘边潮湿处（可栽培）。

【食用方法】 采嫩茎叶后，在沸水中淖一下，换清水浸泡后炒食，做汤、或盐渍。在 0.5% 的醋水中泡一下，可去掉涩味，使其风味更好。于秋末挖取肉质根，多用于腌制咸菜，也可炒食。

【营养成分】 嫩叶中含蛋白质 4.7 克、胡萝卜素 3.9 毫克、维生素 B_2 0.29 毫克、维生素 C 25 毫克、钙 242 毫克。

【功用主治】 性味辛、苦，入肺、胃经。种子，疏风透疹，清热解毒，利咽。主治外感风热，咽喉肿痛，麻疹透发不畅，疮痈；根，通血脉，止痛，利大便。主治经行腹痛，便秘；叶，利尿解毒。主治小便不通，疮痈。

40. 苹²⁶⁷³

Marsilea quadrifolia L. 苹科

【**别名**】 四叶菜 田字草

多年生水生草本。根状茎细长而横走，分枝，顶端有淡棕色毛，茎节向上发出一至数叶，叶柄细，长 5～20 厘米；叶片由 4 枚倒三角形的小叶组成，呈十字形无毛。孢子果卵圆形，有毛，通常 2～3 枚簇生于叶柄基部的短梗上，短梗单一或分叉。（彩图 40）

【**生境**】 生于水稻田和沟塘边。

【**维生素含量**】 胡萝卜素 5.08，维生素 B_2 0.31，维生素 C 118。（毫克 /100 克可食部）

【**食用方法**】 采鲜嫩茎叶洗净，炒食或做汤。

【**药用功能**】 甘、寒、滑、无毒，清热、利水、解毒、止血。下水气，治暴热，利小便。

41. 蒲公英⁵¹³⁰

Taraxacum mongolicum Hand.-Mazz. 菊科

【别名】 婆婆丁 黄花地丁 奶汁草 金簪草

多年生草本。全株有白色乳汁，根垂直。叶莲座状平展，矩圆状倒披针形或倒披针形，长 5～15 厘米，宽 1～5.5 厘米，羽状深裂，侧裂片 4～5 对。基部狭成短叶柄，疏有蛛丝状毛或几无毛。花葶数个，上端有蛛丝状毛。总苞淡绿色，外层总苞片卵状披针形至披针形，被白色长柔毛；舌状花，黄色。瘦果褐色，长 4 毫米，上半部有尖小瘤，顶端有喙；冠毛白色。（彩图 41）

【生境】 生于路边、沟边、宅畔、荒地、田间及丘陵地带。

【维生素含量】 胡萝卜素 4.15，维生素 B_2 0.63，维生素 C 52。（毫克 /100 克可食部）

【食用方法】 采嫩苗，开水烫过，冷水漂洗，炒食、做汤或凉拌，也可采花做汤。

【其他】 蒲公英属植物种类较多，有多种同称婆婆丁，它们在外形上也很近似，均可作野菜食用。

【药用功能】 全草，甘、平微寒、入肝胃经。清热解毒，利尿散结，无毒，解食毒、散滞气、化热毒、消恶肿、结核、疔肿、乌须发。

42. 荠苨³³²⁷

Adenophora trachelioides Maxim. 桔梗科

【别名】 杏叶菜　灯笼菜　老母鸡肉　杏参　甜桔梗　白百丸　苗，名隐思

多年生草本，有白色乳汁。茎单生，常呈之字形曲折，有时具分枝，无毛。叶，互生，茎生叶具叶柄，叶片心形或三角状卵形，长 3～13 厘米，宽 2～8 厘米，先端钝至渐尖，基部心形，或在茎上部的叶基部近截形，边缘有不整齐的牙齿，两面无毛。圆锥花序长达 35 厘米，花枝颇长花萼筒部倒三角状圆锥形，裂片 5；花冠钟状，淡蓝紫色或白色，5 浅裂；雄蕊 5 花柱与花冠近等长。蒴时卵状圆锥形，种子黄棕色，两端黑色，长矩圆形。（彩图 42）

【生境】 生于山坡草地或林缘。

【维生素含量】 胡萝卜素 14.11，维生素 B_2 0.78，维生素 C 118。（毫克 /100 克可食部）

【食用方法】 采摘嫩苗，开水烫后炒食。

【药用功能】 苗，甘、苦、寒无毒，治腹脏风壅、咳嗽上气。根，甘寒，无毒，解百药毒。杀蛊毒，治蛇虫咬，利肺气，和中，明目止痛。

43. 荠菜³³²⁸

Capsella bursa-pastoris（L.）Medic. 十字花科

【**别名**】 荠菜花　菱角菜　护生草

一年或二年生草本。茎直立，高 20～40 厘米，有分枝，有白色柔毛。基生叶莲座状丛生，长可达 10 厘米，羽状分裂，顶生裂片三角状或卵状披针形，具长叶柄；茎生叶互生，矩圆形或披针形，先端渐尖，基部抱茎，边缘有缺刻或锯齿，两面绿色，有细毛。总状花序，顶生或腋生；白色。短角果倒三角形，扁平，顶端微凹；种子 2 行，椭圆形，细小，淡棕色。（彩图 43）

【**生境**】 生于田边、路旁、沟边、荒地，栽培供作蔬菜。

【**维生素含量**】 胡萝卜素 3.63，维生素 B_2 0.14，维生素 C 80。（毫克 /100 克可食部）

【**食用方法**】 采嫩茎叶，炒食或做汤，风味清香；与肉做馅，味道更美。

【**药用功能**】 全草，甘、凉、无毒；和脾、利水、止血、明目。根、叶，烧灰治赤白痢极效。

44. 青葙²⁴⁸⁸

Celosia argentea L.苋穗科

【别名】 鸡冠菜 野鸡冠花子 白鸡冠 牛尾花子
鸡冠苋

一年生草本，高60～100厘米，全体无毛。茎直立，具条纹，通常分枝。叶互生，披针形或椭圆状披针形，长5～9厘米，宽1～3厘米，先端渐尖基部渐狭而下延，全缘。穗状花序，单生于茎顶或分枝末端，圆柱形或圆锥状，长3～10厘米；苞片、小苞片和花被片干膜质，幼时淡红色，后变为银白色；雄蕊5，花药粉红色，丁字状着生，花丝下部合生成杯状。胞果球形，盖裂；种子数粒，肾状圆形，黑色有光泽。（彩图44）

【生境】 喜生于荒野、路旁、山沟、河滩、沙丘等疏松土壤。也有栽培。

【维生素含量】 胡萝卜素8.02，维生素 B_2 0.64，维生素 C 65。（毫克/100克可食部）

【食用方法】 春夏季采嫩苗或嫩叶，开水烫后漂去苦水，加调料拌食或炒食。种子可代芝麻做糕点用。

【药用功能】 茎叶、子：苦、微寒；归肝经；清热燥湿、杀虫、止血。清肝，明目，退翳。

45. 山韭⁰³²¹

Allium senescens L. 百合科

【别名】 岩葱

多年生草本。鳞茎单生或数枚聚生,近圆锥形,粗 0.5～2 厘米;鳞茎外皮黑色或灰白色,膜质,不破裂,内皮白色,有时带红色。叶基生,数片成丛,条形,肥厚,上部扁平,基部半圆柱状,直伸,有时略呈镰状弯曲,短于或稍长于花葶,宽 2～6 毫米。花葶高 10～65 厘米,圆柱状,常具纵棱,有时纵棱变成窄翅而使之成为二棱柱状;伞形花序顶生,半球状至近球状,具多而密的花;花紫红色至淡紫色;花被片 6,长 4～6 毫米。(彩图 45)

【生境】 生于海拔 2000 米以下的草原、草甸或山坡上。

【维生素含量】 胡萝卜素 0.93,维生素 B_2 0.31,维生素 C 82。(毫克 /100 克可食部)

【食用方法】 割取地上全株,洗净后限可切碎炒食或做馅。其花可腌制咸菜。

【药用功能】 咸、涩、寒、无毒,宜肾,主大小便数,去烦热治毛发。治老人脾胃气弱,山韭四两,鲫鱼肉 5 两,煮羹,下五味、椒、姜,并少调面,每三五日一作之,极补益。

46. 山莴苣⁰³⁸¹

Lactuca indica L. 菊科

【别名】 鸭子食　野生菜　苦苣

一或二年生草本,根,纺锤形,茎直立,高 80～150 厘米,具纵沟棱, 无毛, 上部有分枝。叶形变化大, 条形、条状披针形、长 10～30 厘米, 宽 1.5～8 厘米, 半抱茎; 叶缘具缺刻状牙齿; 或羽状深裂, 而裂片边缘具齿状缺刻或浅刺状小齿, 无柄, 基部抱茎, 两面无毛, 或下面主脉上疏生长毛, 带白粉头状花序, 多数, 在茎枝顶端排成圆锥花序; 总苞近圆筒形; 常带紫红色; 舌状花淡黄色。瘦果宽椭圆形, 黑色, 每面有 1 条凸起的纵肋; 冠毛白色。(彩图 46)

【生境】 生于山谷、田间、路旁、灌丛或河滩。

【维生素含量】 胡萝卜素 4.88, 维生素 B_2 0.63, 维生素 C 29。(毫克 /100 克可食部)

【食用方法】 采嫩苗嫩叶, 开水烫后, 淘去苦水, 加调料拌食。

【药用功能】 茎叶苦, 寒, 煎服, 可以解热; 粉末涂搽, 可除去疣瘤。

47. 商陆⁴⁶⁶⁴

Phytolacca acinosa Roxb. 商陆科

【别名】 山萝卜　大苋菜　见肿消　下山虎　夜呼

多年生草本，高 1 米左右，全株无毛。主根肥大，肉质，圆锥形。茎直立，肉质多汁。叶椭圆形、长椭圆形或椭圆状披针形，长 11～30 厘米，宽 5～11 厘米，基部楔形而下延，侧脉羽状，全缘。总状花序顶生或与叶对生，直立，圆柱状，长 10～20 厘米；花两性，白色，后变淡红色。浆果，由分果组成，扁球形，熟时黑紫色。（彩图 47）

【生境】 喜阴湿，生于林下、路旁及宅旁，也有栽培。

【维生素含量】 胡萝卜 3.53，维生素 B_2 0.14，维生素 C 97。（毫克 /100 克可食部）

【食用方法】 采嫩茎叶，开水烫后，再用清水浸泡数小时炒食或煮食。

【其他】 在江苏尚有食用美商陆（*P.americana* L.）的嫩茎叶者，当地称酸溜，其茎枝常呈紫红色，叶较小，披针状椭圆形。

【药用功能】 根，苦、寒、有毒（主要含商陆素和息忒等毒性物质）；归肺、脾、肾、大肠经、逐水消肿、通利二便，泄水、解毒散结。

48. 鼠麴草[5218]

Gnaphalium affine D. Don 菊科

【别名】 清明草　佛耳草　爪老鼠

一年生草本，高 15～30 厘米或更高。茎直立，簇生，不分枝或少分枝，有白色厚绒毛。叶互生，无柄，匙状倒披针形或倒卵状匙形，长 2～6 厘米，宽 3～10 毫米，全缘，两面被白色绵毛；上部叶渐至条形。头状花序在顶端密集成伞房状；总苞钟形；总苞片 2～3 层，金黄色或柠檬黄色，干膜质；花黄色，花杂性全为管状花，瘦果倒卵形或倒卵状圆柱形；冠毛黄白色。（彩图 48）

【生境】 多生于山坡草地或河滩乱石上。

【维生素含量】 胡萝卜素 3.94，维生素 B_2 0.06，维生素 C 46。（毫克/100 克可食部）

【食用方法】 采嫩茎叶，开水烫后炒食或切碎后掺入米粉蒸食，味甜美。

【药用功能】 全草，味甘、酸、平、无毒。入肺经、止咳。痰，益中气，调脾胃。

49. 水蓼¹⁰⁵⁷

Polygonum hydropiper L. 蓼科

【别名】 辣蓼　白辣蓼　蓼牙菜

一年生草本，高 40～80 厘米。茎直立或倾斜，多分枝，红褐色，无毛，节部稍膨大。叶披针形，长 4～7 厘主，宽 5～15 毫米，全缘，两面有黑色腺点，有辛辣味，近无柄或有短叶柄；托叶鞘筒状，膜质，花序重穗状，顶生或腋生，细长，上部俯垂；花疏生，淡绿色或淡红色；有黄褐色腺点；瘦果卵形，扁平，少有 3 棱，黑褐色。（彩图 49）

【生境】 生于田野水边或山谷湿地。

【维生素含量】 胡萝卜素 7.89，维生素 B_2 0.38，维生素 C 235。（毫克 /100 克可食部）

【食用方法】 采嫩苗或嫩叶，开水烫后去汁，加调料炒食。

【药用功能】 辛、平、无毒，清热化湿，行滞祛风，消肿止血，亦可外用。

50. 水芹[1047]

Oenanthe javanica （Bl.） DC. 伞形科

【别名】 水英、水芹菜、野芹菜

多年生湿生或水生草本。茎圆柱形，有纵条纹，长可达 1 米，中空，直立或由匍匐的基部向上伸直，上部多分枝，下部每节略膨大茎表面绿色，有纵条纹；叶柄长达 10 厘米；叶片 1～2 回羽状分裂；小叶或裂片卵圆形至菱状披针形，长 2～5 厘米，宽 1～2 厘米；边缘具不等的尖齿或圆锯齿。复伞形花序，顶生，通常与项生的叶相对；小伞形花序 6～20；总苞无，小总苞 2～8，线形；花白色；萼齿 5，双悬果椭圆形或近圆柱形，果棱显著隆起。（彩图 50）

【生境】 喜生于低湿洼地或水沟中。

【维生素含量】 胡萝卜素 4.2，维生素 B_2 0.33，维生素 C 4.7。（毫克 /100 克可食部）

【食用方法】 采嫩苗或嫩叶，开水烫后凉拌或炒食。

【药用功能】 全草，味甘、苦、凉、无毒，入肺、胃经。清热，利水。治暴热烦渴，黄疸，水肿，淋病，带下，瘰疬，疟腮。

Rumex acetosa L. 蓼科

【别名】 酸溜溜

多年生草本，高 30～80 厘米。茎直立，细弱，通常不分枝，中空，表面有沟槽。单叶互生基生叶有长柄；叶片矩圆形，长 3～11 厘米，宽 1.5～3.5 厘米，先端钝或尖，基部箭形，全缘；茎上部的叶较小，披针形，无柄；托叶鞘膜质，斜形。花序圆锥状，顶生；花被片 6，椭圆形，2 轮；柱头，画笔状，紫红色。瘦果椭圆形，有 3 棱，黑色，有光泽。（彩图 51）

【生境】 生于山坡、沟谷、水边、路旁等潮湿肥沃的土壤。

【维生素含量】 胡萝卜素 4.46，维生素 B_2 0.13，维生素 C 52。（毫克 /100 克可食部）

【食用方法】 间采嫩苗，或间采嫩叶，开水烫过漂洗后炒食或做汤，或掺入面粉蒸食。茎味酸。可生食。

【药用功能】 根，酸，寒，无毒，清热利尿凉血，杀虫。治暴热腹胀；生捣汁服，当下痢。杀皮肤小虫。同紫萍捣擦去汗斑。

52. 酸模叶蓼⁴⁵²³

Polygonum lapathifolium L. 蓼科

【别名】 大马蓼　马蓼　假辣蓼

一年生草本，高 30～100 厘米。茎直立，有分枝，节部膨大。叶，披针形或宽披针形，先端渐尖，基部楔形，常有人字形黑褐色色斑，沿主脉及叶缘有粗硬毛，侧脉显著；托叶鞘筒状，膜质，淡褐色，顶端截形，无毛。花序由数个花穗构成总状；花穗顶生或腋生，紧密；花被通常 4 深裂，淡绿色或粉红色；雄蕊 6 枚；花柱 2 枚，向外弯曲。瘦果卵形，扁平，两面微凹，黑褐色，光亮。（彩图 52）

【生境】 生于路旁湿地或沟渠水边。

【维生素含量】 胡萝卜素 3.53，维生素 B₂ 0.34，维生素 C 72。（毫克/100 克可食部）

【食用方法】 采嫩苗或嫩芽，洗净切碎可拌面蒸食，也可开水烫后炒食。

【其他】 柳叶蓼与酸模叶蓼同样可以食用，生境亦相同。不同之处在其叶较狭小，背面被灰白色绵状绒毛，上面无毛，有时有紫黑色斑块。辛温、无毒，去肠中蛭虫，轻身。

【药用功能】 全草，甘，辛，温，有小毒。化瘀消肿。

53. 天蓝苜蓿¹⁶⁹⁵

Medicago lupulina L. 豆科

【**别名**】 天蓝　黑荚苜蓿　老蜗生　接筋草

一年生草本。茎高20～60厘米，伏卧或斜向上，有疏毛。叶具3小叶；小叶倒卵形、圆形、广椭圆形，长宽0.7～2厘米，先端钝圆，微缺，上部有锯齿，基部宽楔形，两面均有白色柔毛；托叶大，斜卵形，有柔毛。花10～15朵密集成头状花序；花萼钟状，萼筒短，萼齿长；花冠黄色。荚果弯，略呈肾形，成熟时黑色，具纵纹，种子黄褐色。（彩图53）

【**生境**】 生于荒坡、路旁、河岸较潮湿的草地，也适应于干燥地区。

【**维生素含量**】 胡萝卜素6.23，维生素 B_2 0.52，维生素 C 88。（毫克/100克可食部）

【**食用方法**】 采摘嫩茎叶，炒食、作汤或作馅。还可腌成咸菜吃。

【**药用功能**】 全草，甘，涩，平，无毒。清热利湿，舒筋活络，止喘。子：安中利人，可久食利五脏，轻身健人，去脾胃间邪热气，通小肠诸恶热毒。

54. 歪头菜⁰¹¹⁶

Vicia unijuga A.Br. 豆科

【别名】 两叶豆苗　野豌豆菜

多年生草本。茎直立，有细棱，高可达 1 米，具柔毛。叶，1 对小叶，对生，叶轴末端的卷须不发达；小叶形状大小变化大，菱状卵形、椭圆形或卵状披针形，长 3～10 厘米，宽 2～5 厘米，先端急尖，基部斜楔形；全缘。总状花序，腋生，有 8～12 朵花，花序梗比叶长。萼斜钟状，萼齿 5，三角形；花冠蓝色或紫色，长约 15 毫米；荚果狭矩圆形；种子扁球形，红褐色。（彩图 54）

【生境】 生于山坡、草地、林缘、河岸等地。

【维生素含量】 胡萝卜素 11.21，维生素 B$_2$ 0.94，维生素 C 144。（毫克 /100 克可食部）

【食用方法】 采摘嫩茎叶，炒食或做汤。

【药用功能】 全草，甘、平；补虚，治痨伤、虚证头晕。

55. 小白酒草

Conyza canadensis（L.）Cronq. 菊科

【别名】 飞蓬　小飞蓬　加拿大飞蓬　祁州一枝蒿

一年生草本；具锥形直根，茎直立，高达 100 多厘米，有细条纹及粗糙毛，上部多分枝。叶互生，条状披针形或矩圆状条形，长 7～10 厘米，宽 1～1.5 厘米，先端尖，基部狭，无明显叶柄，全缘或有微锯齿，边缘有长缘毛。头状花序多数，排成顶生多分枝的大圆锥花序；总苞近圆柱状；舌状花直立，白色微紫。瘦果矩圆形；冠毛污白色，与花冠近相等。（彩图 55）

【生境】 生于旷野、路旁、荒地和田边。

【维生素含量】 胡萝卜素 5.76，维生素 B_2 1.38，维生素 C 39。（毫克 /100 克可食部）

【食用方法】 采嫩茎叶，开水烫后，再用清水漂去异味，炒食。

56. 小黄花菜⁴⁸³²

Hemerocallis minor Mill. 百合科

【别名】 黄花菜　金针菜

多年生草本，具短的根状茎和绳索状须根，根末端不膨大。叶基生，条形，长20～60厘米，宽3～14毫米。花葶由叶丛间抽出，稍短于叶或近等长，顶端通常具1～2花；花淡黄色，有香气，盛开时向外反曲，具短花梗或几无梗；花被长7～9厘米，下部1～2厘米合生成花被筒。蒴果椭圆形或矩圆形；种子黑色。（彩图56）

【生境】 生于阳坡或山坡草地。

【维生素含量】 胡萝卜素0.31，维生素 B_2 0.77，维生素 C 340（叶），花的含量为：胡萝卜素1.95，维生素 C 131。（毫克/100克可食部）

【食用方法】 3～5月采出土4、5片新叶的嫩苗炒食；5～8月采花，开水烫过，炒食或做汤。可加工成干品备用。

【其他】 小黄花菜的花为著名的干菜，与黄花菜（*H.citrina baroni*）的花一样统称黄花菜或金针菜。据中国植物志记载，本属植物在我国有11种，大多数种类的花都可食用，但新鲜时不宜多吃，它们的根有毒。

【药用功能】 花，甘、凉、无毒，入脾肺经。利水、凉血。

57. 薤白[5544]

Allium macrostemon Bge. 百合科

【别名】 小根蒜　团葱　野蒜

多年生草本。鳞茎近球形，粗 1～2 厘米；鳞茎外皮带灰黑色，纸质或膜质。叶，基生，半圆柱状或状线形，中空，长 15～30 厘米。花葶半圆柱状 1/4～1/3 被叶鞘；伞形花序，半球形至球形，密集暗紫色珠芽，间有数朵花或全为花；花被宽钟形，淡紫色或粉红色；蒴果倒卵形。（彩图 57）

【生境】 生于山坡、丘陵、山谷和草地上。

【维生素含量】 胡萝卜素 3.94，维生素 B$_2$ 0.14，维生素 C 69。（毫克 /100 克可食部）

【食用方法】 3～5 月采全株，9～11 月采鳞茎，洗净，可生拌、炒食或腌吃，也可调味用。

【药用功能】 鳞茎，辛、苦、温、无毒，归脾、胃大肠经，通阳散结，行气导滞。

58. 兴安升麻⁰⁹¹²

Cimicifuga dahurica（Turcz.）Maxim. 毛茛科

【别名】 升麻　苦力芽　北升麻　苦龙芽菜

多年生草本。根状茎长块状，并有洞状茎痕，黑褐色。茎直立，高 1～2 米。叶为 2～3 回三出复叶；小叶椭圆形，披针状卵形或斜卵形，先端渐尖，基部近截形至近圆形，边缘具不整齐的缺刻状牙齿；顶生小叶较宽大，3 深裂或 3 浅裂。雌雄异株，复总状花序。萼片 5，花瓣状，白色，宽椭圆形或宽倒卵形，早落；蓇葖果倒卵状椭圆形，长 7～8 毫米。（彩图 58）

【生境】 生于林下、林缘灌丛和林边草甸。

【维生素含量】 胡萝卜素 3.42，维生素 B_2 1.06，维生素 C 108。（毫克 /100 克可食部）

【食用方法】 采嫩苗，用水烫，再用清水浸泡，减除苦味后炒食或做汤。

【药用功能】 根，辛、甘、苦、微寒、无毒。归肺、脾、胃、大肠经，具有发表透疹、清热解毒，升举阳气的作用。

59. 荇菜³⁶⁸⁵

Nymphoides peltatum（Gmel.） O.Kuntze 龙胆科

【别名】 莲叶荇菜 荇芙

多年生水生草本。茎圆柱形，节上生根，多分枝，沉没水中，具不定根，又于水底泥中生匍匐状地下茎。叶，近于对生，飘浮水面，卵状圆形，基部深心形，长 1.5～7 厘米；叶柄长 5～10 厘米，基部，抱茎。花序聚生于叶腋，呈伞形状花序；黄色，花梗稍长于叶柄；花萼 5 披针形；花冠 5 裂片卵圆形，钝尖，边缘呈圆齿状，有睫毛；雄蕊 5，花丝短，花药狭箭形，蒴果长椭圆形，种子边缘有纤毛。（彩图 59）

【生境】 生于池塘或不甚流动的河溪中。

【维生素含量】 胡萝卜素 3.70，维生素 B_2 0.16，维生素 C 59。（毫克 /100 克可食部）

【食用方法】 采摘嫩茎叶，开水烫后炒食。

【药用功能】 甘、咸、寒滑无毒，清热、利尿、消肿、解毒。

60. 鸭舌草[3780]

Monochoria vaginalis（Burm.f.）Presl ex Kunth 雨久花科

【别名】 水锦葵　猪耳草　鸭嘴菜

水生草本；根茎短。茎直立或斜上，高 30～50 厘米，全株光滑无毛。叶形大小变异大，卵状至披针形，长 1.5～7.5 厘米，宽 0.5～5.5 厘米，先端渐尖，基部圆形、截形或心形，全缘；叶柄，基部成鞘。总状花序，从叶鞘内抽出，有 3～6 朵花；花蓝色，略带红色；花被片 6。蒴果卵形，长约 1 厘米。（彩图 60）

【生境】 生于稻田或浅水池塘中。

【维生素含量】 胡萝卜素 6.17，维生素 B_2 0.44，维生素 C 78。（毫克 /100 克可食部）

【食用方法】 采摘嫩茎叶，经开水烫后炒食。

【药用功能】 全草，甘、凉、无毒。清热解毒。

61. 鸭跖草[3783]

Commelina communis L. 鸭跖草科

【别名】 竹节菜　鸭抓菜　三角菜　蓝花菜　鸡舌草

一年生草本，高达 50 厘米；茎圆柱形，柔弱平滑，节间长 3～9 厘米，下部匍匐生根。叶互生，披针形，长 3～8 厘米，先端渐尖，基部下延成膜质的叶鞘，边缘具纤毛。总苞片佛焰苞状，心形稍呈镰刀状弯曲，边缘常有硬毛；聚伞花序，有花数朵，略伸出佛焰苞；花瓣深蓝色，基部有长爪；雄蕊 6 枚。蒴果椭圆形；种子表面，具不规则窝孔。（彩图 61）

【生境】 生于田边、路旁、山间、水沟附近等阴湿处。

【维生素含量】 胡萝卜素 3.39，维生素 B_2 0.46，维生素 C 118。（毫克 /100 克可食部）

【食用方法】 采嫩苗或茎尖，烫后炒食或做汤，味清香。也可晾干制成干菜。

【药用功能】 全草，苦、大寒、无毒。入心、肝、脾、肾、大小肠经。治寒热瘴疟，痰饮、疔肿，小儿丹毒，发热狂痫，大腹痞满，身面浮肿，热痢，蛇犬咬伤，痈疽等毒。和赤小豆煮食，下水气湿痹，利小便。

62. 羊乳⁰³⁸³

Codonopsis lanceolata （S.et Z.） Trautv. 桔梗科

【别名】 轮叶党参　奶参　奶薯　山胡萝卜秧

草质缠绕藤木,有白色乳汁,全体无毛。根呈纺锤状,有少数细小侧根，表面乳黄色至淡灰棕色。茎长约 1 米，常有多数短分枝；叶在主茎上的互生，披针形或菱状狭卵形；在分枝顶端通常 3～4 叶近于轮生，有短柄，叶片菱状卵形或椭圆形，长 3～9 厘米，宽 1.3～4.4 厘米，全缘或有疏波状锯齿，下面灰绿色，叶脉明显。花单生或对生于小枝顶端；花冠宽钟状，反卷，黄绿色或乳白色，内面有淡粉紫色斑。蒴果圆锥形，有宿萼；种子卵形，有翅。（彩图 62）

【生境】 生于山地灌木林中、沟边阴湿地或阔叶林内。

【维生素含量】 胡萝卜素 14.40，维生素 B$_2$ 0.49，维生素 C 59。（毫克 /100 克可食部）

【食用方法】 采嫩苗或嫩叶，开水烫过，再用清水泡数小时后捞出，炒食；秋季挖根，可煮食或炒食，味甜可口，也可腌咸菜。

【药用功能】 根（山海螺），甘、平、无毒，消肿，解毒，排脓，祛痰，催乳。

63. 玉竹¹¹⁵⁶

Polygonatum odoratum（Mill.）Druce 百合科

【**别名**】 铃铛菜　尾参　地管子　萎蕤

多年生草本，根状茎圆柱形，直径 5～14 毫米。茎高
20～50 厘米，具纵棱，无毛，绿色叶互生，椭圆形至卵状
矩圆形，长 5～12 厘米，宽 3～6 厘米，先端尖，全缘，
下面带灰白色，下面叶脉隆起。花通常 1～3 朵生于叶腋，
花梗下垂，花被黄绿色至白色，合生成筒状。浆果近球形，
熟时蓝黑色。（彩图 63）

【**生境**】 喜生于阴湿处、林下或山坡灌丛中，可栽培。

【**维生素含量**】 胡萝卜素 3.94，维生素 B_2 0.43，维生
素 C 232。（毫克 /100 克可食部）

【**食用方法**】 采茎叶包卷呈锥状的嫩苗，用水烫过后
炒食或做汤；春秋两季可挖根茎，去须根蒸食（果实有毒，
不能吃）。

【**药用功能**】 根茎，甘、平、微寒、无毒，归肺、胃经，
养阴润燥除烦、生津止渴。

64. 诸葛菜²¹³⁸

Orychophragmus violaceus （L.）O.E.Schulz 十字花科

【别名】 二月兰 芜菁 蔓菁

　　一年生或二年生草本，高 10～40 厘米，有霜粉毛。茎圆柱形，直立，不分枝或茎部分枝。基生叶和下部叶柄，大头羽状分裂，长 3～8 厘米，宽 1.5～4 厘米；顶裂片大，圆形或卵圆形，基部心形，边缘有波状钝齿；侧生裂片小，2～4 对，歪卵形；茎止部叶狭卵形或矩圆形，不裂，基部两侧耳状，抱茎。总状花序顶生；花淡紫红色，直径 2～3 厘米；瓣片倒卵形或近圆形，向基部逐渐狭细成丝状爪。长角果，线形，长 7～10 厘米，具 4 棱，先端有 1.5～2.5 厘米长的果喙；种子排成 1 列，卵状矩圆形，长约 2 毫米，黑褐色。（彩图 64）

　　【生境】 生于山土、平原、路旁、地边或杂木林林缘。

　　【维生素含量】 胡萝卜素 3.32，维生素 B_2 0.16，维生素 C 59。（毫克/100 克可食部）

　　【食用方法】 采摘嫩茎叶，开水烫后，漂去苦水，即可炒食。

　　【药用功能】 根叶：苦、温、无毒。利五脏，轻身益气，可长食之。子：苦、辛、无毒。明目，疗黄疸。利小便等。

白花败酱

【别名】胭脂麻　败酱

【药用功能】全草、苦、平、无毒。入肝、胃、大肠经。清热解毒，排脓破瘀。

2 萹蓄

【别名】扁竹　猪牙草　鸟蓼　地蓼扁竹　道生草　竹节草

【药用功能】全草、苦、微寒，归膀胱经，利尿通淋、杀虫、止痒。

北锦葵

【别名】马蹄菜　山榆皮

变豆菜

【别名】山芹菜

5

薄 荷

【别名】野薄荷 水薄荷 蕃荷菜 升阳菜

【药用功能】茎叶，辛凉，归肺、肝经，宣散风热、清头目、透疹。

6

长萼鸡眼草

【别名】鸡眼草 掐不齐

【药用功能】甘、辛、平。清热解毒，健脾利湿。

（7~8月采收晒干或鲜用）

朝天委陵菜

【别名】老鹳筋

车 前

【别名】车轮菜　车轱辘菜

【药用功能】种子，甘，寒。入肝、肾、小肠经。补肾明目，利尿通淋，清肺热，化痰止咳。主治肝肾阴虚目暗不明，或肝热目赤、热淋湿淋、肺热咳嗽多痰。全草清热解毒，利尿化痰止咳。多用治疮疖疔毒、湿热淋，如急性膀胱炎。

9

刺儿菜

【别名】小蓟　青青菜　蓟蓟菜　刺狗牙

【药用功能】根苗：甘、苦、凉、无毒，归肝、心经。凉血、止血祛瘀。养精保血、破血生新。苗去烦热，夏月烦热不止、生研汁半升服，瘥。（夏秋两季采收晒干）。

10

刺五加

【别名】刺拐棒　五加参　五加皮

【药用功能】根皮，辛、微苦、温，归脾、肾、心经，益气健脾，补肾安神、祛风湿、壮筋骨、活血祛瘀。

打碗花

【别名】小旋花　兔耳草　面根藤

【药用功能】全草平、淡、微甜、无毒；健脾利湿，调经活血，滋阴补虚。

地　肤

【别名】扫帚菜　铁扫把子　地葵　扫帚苗

【药用功能】苗叶苦寒无毒。捣汁服，治赤白痢；煎水洗目，去热暗雀盲涩痛。治泄泻。

地　榆

【别名】白地榆　黄香瓜　小紫草
山红枣　马猴枣

【药用功能】根，苦、微寒、无毒；
凉血止血，清热解毒。消炎除渴，
明目。叶作饮代茶，甚解热。

豆瓣菜

【别名】西洋菜　水芥菜　水田芥

【药用功能】（西洋菜干）治肺病
及肺热燥咳。

鹅绒委陵菜

【别名】人参果　蕨麻　莲菜花
鸭子巴掌菜　戳玛（藏名）

【药用功能】甘、平。健脾益胃，生
津止渴，益气补血，（6~9月挖采）。

返顾马先蒿

【别名】鸡冠菜　马先蒿　马尿泡

【药用功能】根、苦、平、无毒。
祛风、胜湿、利水。

枸 杞

【别名】枸杞菜　枸杞子　狗牙菜
杞果

【药用功能】枸杞子（果实）甘、平、
归肝、肾经兼入肺经；滋肾，润肺，
补肝，益精明目。

海乳草

【别名】麻雀舌头　野猫眼儿

华北大黄

【别名】大黄　山大黄　波叶大黄
苦大黄

【药用功能】根，苦、寒、无毒，
清热解毒，凉血消斑。

黄花龙牙

【别名】野黄花　土龙草　败酱
黄花败酱　龙芽败酱

【药用功能】全草，辛、苦、凉，
清热解毒，祛瘀排脓。

活血丹

【别名】佛耳草 金钱草 地钱儿
透骨消

【药用功能】（金钱草）苦、辛、
凉。清热，利尿，镇咳，消肿，
解毒。（4～5月采收晒干）。

鸡腿堇菜

【别名】鸡蹬菜 走边疆 红铧头草

【药用功能】（走边疆、小叶贯）
叶，淡、寒。清热解毒。消肿止痛。

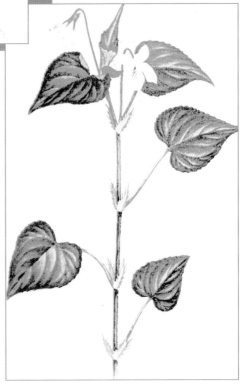

荚果蕨

【别名】黄瓜香　小叶贯众

【药用功能】（小叶黄瓜）带叶柄残基
的根茎，苦，凉。入肝、胃经。
清热，解毒，凉血，止血；杀蛔、绦、
蛲虫。

茳芒香豌豆

【别名】鸡冠菜　山豇豆　茳芒决明

【药用功能】性平无毒，子用火炙作
饮极香，除痰止渴，令人不睡，调中。

菫 菜

【别名】菫菫菜 如意草 消毒药
小犁头草

【药用功能】（消毒药）全草，苦，
微凉。清热解毒。（外用、7～8月采）。

26

苣荬菜

【别名】取麻菜 苦荬菜 苦麻子
曲曲菜

【药用功能】全草，苦，寒。清热
解毒，补虚止咳。

决 明

【别名】草决明　假花生　圆草决　假绿豆
芹决

【药用功能】种子，甘、苦、咸微寒，归肝、
肾大肠经。清热明目，润肠通便。

28

蕨

【别名】蕨菜　拳头菜

【药用功能】嫩叶，甘、寒、滑、无毒，清热、滑肠降气、化痰；去暴热，利水道。

苦苣菜

【别名】苦荬　小鹅菜　苦菜

【药用功能】全草，苦、寒、无毒，入心胃大肠经。清热、凉血，解毒，益心、和血、通气。

藜

【别名】灰菜　灰条菜

【药用功能】叶，甘、平、微毒。杀虫。去癜风。

龙牙草

【别名】仙鹤草　山昆莱　瓜香草
脱力草

【药用功能】全草，苦、辛、涩、
平；归心、肝肺、脾经；收敛止
血、截疟、止痢、解毒、健脾。

蒌 蒿

【别名】水蒿　柳蒿　驴蒿

【药用功能】苗、根，甘、平、无毒。
治五脏邪气，风寒湿痹，补中益气，
长毛发令黑，疗心悸，少食常饥。久
服轻身，耳目聪明不老。

33

绿 苋

【别名】野苋　白苋　皱果苋　野咸菜

【药用功能】全草，甘、淡、凉，清热
解毒，治疮肿，牙疳，虫咬。

34

落 葵

【别名】胭脂菜　豆腐菜　藤菜
承露　燕脂菜

【药用功能】全草，酸、寒、滑、
无毒，入心、肝、脾、大、小肠
经。清热、滑肠、凉血、解毒。
子，悦泽人面，可作面脂。（取
种子蒸用烈日暴晒干，挼去皮取
仁细研、和白蜜涂面。

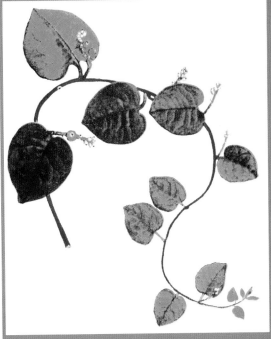

马齿苋

【别名】马齿菜　马蛇子菜　蚂蚱菜
长寿菜　五行草

【药用功能】酸寒无毒，归肝、脾、
大肠经；清热解毒，凉血止血。

牡　蒿

【别名】香青蒿　齐头蒿　老鸦青
花艾草

【药用功能】全草，苦、微甘、寒、
无毒，清热、解表、杀虫。充肌肤，
益气，令暴肥。不可久服。

37

牛繁缕

【别名】鹅肠菜 繁缕 滋草 五爪龙

【药用功能】全草，酸、平、无毒，清热解毒，活血去瘀，下乳催生。

38

牛　膝

【别名】山苋菜 怀牛膝 白牛膝 土牛膝

【药用功能】根，苦、酸、平；归肝、肾经；补肝肾，强筋骨，清热解毒，逐瘀通经，引血下行。降压、利尿。

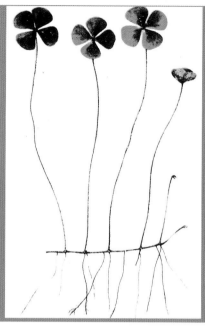

39

牛 蒡

【别名】牛蒡子　大力子　牛子
老母猪耳朵
【药用功能】性味辛、苦，入肺、
胃经。种子，疏风透疹，清热解
毒，利咽。主治外感风热、咽喉
肿痛，麻疹透发不畅，疮痈；根，
通血脉，止痛，利大便。主治经行
腹痛，便秘；叶，利尿解毒。主治
小便不通，疮痈。

40

苹

【别名】四叶菜　田字草
【药用功能】甘、寒、滑、无毒，
清热、利水、解毒、止血。下水气、
治暴热、利小便。

蒲公英

【别名】婆婆丁　黄花地丁　奶汁草
金簪草

【药用功能】全草、甘、平微寒、入
肝胃经。清热解毒，利尿散结，无
毒，解食毒、散滞气、化热毒、消
恶肿、结核、疔肿、乌须发。

荠苨

【别名】杏叶菜　灯笼菜
老母鸡肉　杏参　甜桔梗
白百丸　苗，名隐思

【药用功能】苗、甘、苦、
寒无毒，治腹脏风壅、咳
嗽上气。根，甘寒，无毒，
解百药毒。杀蛊毒，治蛇
虫咬，利肺气，和中、明
目止痛。

荠　菜

【别名】荠菜花　菱角菜　护生草
【药用功能】全草，甘、凉、无毒；
和脾、利水、止血、明目。根、叶，
烧灰治赤白痢极效。

青　葙

【别名】鸡冠菜　野鸡冠花子
白鸡冠　牛尾花子　鸡冠苋
【药用功能】茎叶、子：苦、微
寒；归肝经；清热燥湿、杀虫、
止血。清肝，明目，退翳。

山　韭

【别名】岩葱

【药用功能】咸、涩、寒、无毒、宜肾，主大小便数、去烦热治毛发。治老人脾胃气弱。

山莴苣

【别名】鸭子食　野生菜　苦苣

【药用功能】茎叶苦，寒，煎服，可以解热；粉末涂搽，可除去疣瘤。

47

商 陆

【别名】山萝卜　大苋菜　见肿消
下山虎　夜呼

【药用功能】根，苦、寒、有毒
（主要含商陆素和息甙等毒性物
质）；归肺、脾、肾、大肠经，
逐水消肿、通利二便、泄水、解
毒散结。

48

鼠麹草

【别名】清明草　佛耳草　爪老鼠

【药用功能】全草，味甘、酸、平、
无毒。入肺经、止咳。痰，益中气，
调脾胃。

49

水 蓼

【别名】辣蓼　白辣蓼　蓼牙菜

【药用功能】辛、平、无毒，清热化湿，
行滞祛风，消肿止血，亦可外用。

50

水 芹

【别名】水英、水芹菜、野芹菜

【药用功能】全草，味甘、苦、凉、
无毒，入肺、胃经。清热、利水。
治暴热烦渴、黄疸、水肿、淋病、
带下、瘰疬、痄腮。

51

酸 模

【别名】酸溜溜

【药用功能】根，酸，寒，无毒，清热利尿凉血，杀虫。治暴热腹胀；生捣汁服，当下痢。杀皮肤小虫。同紫萍捣擦去汗斑。

52

酸模叶蓼

【别名】大马蓼　马蓼　假辣蓼

【药用功能】全草，甘，辛，温，有小毒。化瘀消肿。

53

天蓝苜蓿

【别名】天蓝　黑荚苜蓿　老蜗生
接筋草

【药用功能】全草，甘，涩，平，
无毒。清热利湿，舒筋活络，止
喘。子：安中利人，可久食利五
脏，轻身健人，去脾胃间邪热气，
通小肠诸恶热毒。

54

歪头菜

【别名】两叶豆苗　野豌豆菜

【药用功能】全草、甘、平；
补虚，治痨伤、虚证头晕。

55

小白酒草

【别名】飞蓬　小飞蓬　加拿大飞蓬
祁州一枝蒿

56

小黄花菜

【别名】黄花菜　金针菜
【药用功能】花，甘、凉、无毒，
入脾肺经。利水、凉血。

57

薤　白

【别名】小根蒜　团葱　野蒜

【药用功能】鳞茎，辛、苦、温、无毒，归脾、胃、大肠经，通阳散结，行气导滞。

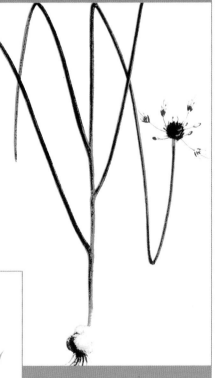

58

兴安升麻

【别名】升麻　苦力芽　北升麻苦龙芽菜

【药用功能】根，辛、甘、苦、微寒、无毒。归肺、脾、胃、大肠经，具有发表透疹、清热解毒，升举阳气的作用。

荇 菜

【别名】莲叶荇菜　荇芙

【药用功能】甘、咸、寒滑无毒，
清热、利尿、消肿、解毒。

60

鸭舌草

【别名】水锦葵　猪耳草　鸭嘴菜

【药用功能】全草，甘、凉、无毒。
清热解毒。

鸭跖草

【别名】竹节菜　鸭抓菜　三角菜
蓝花菜　鸡舌草

【药用功能】全草，苦、大寒、无毒。
入心、肝、脾、肾、大小肠经。治寒
热瘴疟、痰饮、疔肿、小儿丹毒、发
热狂痫、大腹痞满、身面浮肿、热痢、
蛇犬咬伤、痈疽等毒。和赤小豆煮食，
下水气湿痹、利小便。

羊　乳

【别名】轮叶党参　奶参
奶薯　山胡萝卜秧

【药用功能】根（山海螺），
甘、平、无毒，消肿、解毒，
排脓，祛痰，催乳。

玉　竹

【别名】铃铛菜　尾参　地管子　萎蕤
【药用功能】根茎，甘、平、微寒、无毒，
归肺、胃经、养阴润燥除烦、生津止渴。

诸葛菜

【别名】二月兰　芜菁　蔓菁
【药用功能】根叶：苦、温、无毒。
利五脏，轻身益气，可长食之。子：
苦、辛、无毒。明目，疗黄疸。利
小便等。